THE SECRET LIFE OF
FISH

물고기의 모든 것

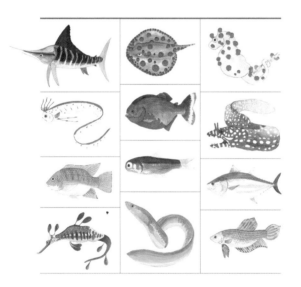

더그 맥케이-호프 지음

조진경 옮김

시금의무늬

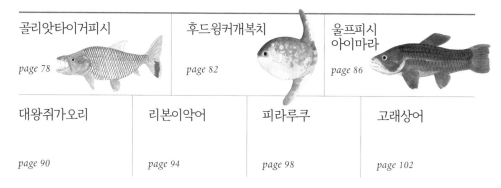
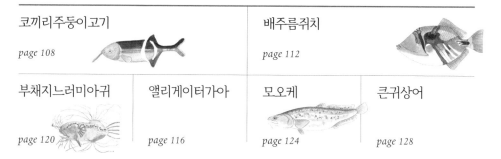
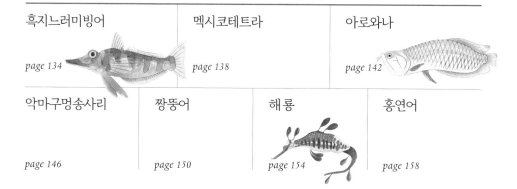

Chapter 6 오래된 전설들

Chapter 7 세상을 돌아다니는 물고기

찾아보기 *page 222*

서문

화려하고, 이상하고, 행동이 복잡하다……. 새에 대하여 말하는 것이
아니다(새에게는 미안하지만, 이미 새에 대한 책은 많다). 내가 생각하는 대상
은 이 행성에서 우리와 함께 살아가는 다른 친구들이다. 더 다양하면서 더 신비
롭고 비밀스러운 친구들, 그들은 지구라는 건물의 물에 잠긴 지하실에서 살고 있
어서 우리가 거의 볼 수 없기 때문에 많이 무시되고 있다. 하지만 흘끗 보기만 해
도, 그 형태가 얼마나 환상적인지! 그들은 연구와 예술 활동에 대하여 끝없이 영
감을 준다.

그래서 이 책이 나에게는 큰 기쁨이다. 독자의 마음을 사로잡기 위해 작가의
마음으로부터 헤엄쳐 나와 한 장 한 장 넘어가는 물고기들을 볼 수 있다. 물속
은 그 어느 때보다도 그들이 존재감을 가져야 하는 곳이다. (우리 각자가 그랬던
것처럼) 우리 조상이 물에서 왔기 때문이 아니라, 우리가 여전히 깨끗하고 건강
한 물에 의존하기 때문이다. 따라서 물고기에게, 그리고 그들이 얼마나 잘 살아
남는지에 관심을 갖는 것은 최소한 자기 이익을 추구하는 문제다.

그리고 특히 기쁜 점은 이 책에서 민물고기가 아주 훌륭하게 묘사되었다는
것이다. 강과 호수는 전 세계 수역에서 차지하는 비율이 0.01퍼센트 정도로
아주 작지만, 이곳에 전체 어종의 거의 절반이 서식하고 있기 때문이다. 이 물
의 대부분은 흐리고 탁해서 여기 서식하는 동물들을 찾고 연구하기는 힘들다.
이들이 산호초 주변에 사는 자랑스러운 사촌들만큼 예쁘지 않은 것도 바로 이
때문이다. 하지만 이들은 판에 박힌 멋진 외모의 부족함을 기이함과 다른 방
법들로 대신한다. 이제 직접 책 속으로 뛰어들어 즐겁게 헤엄치며 물고기들을
만나 보자!

머리말

우리가 사는 이 행성에는 무려 33,600종이 넘는 물고기가 있는데, 분류학자들은 이들을 약 515과로 분류해 놓았다.

　이 책에서는 각자 놀라운 이야기를 갖고 있는 50종의 독특한 물고기를 소개하려고 한다. 이미 친숙한 물고기도 있을 것이고, 아예 생소한 물고기도 있을 것이다. 하지만 모든 물고기가 얼마나 중요하고, 놀랍고, 흥미로운지 잘 알 수 있다.

　초감각과 치명적인 독소, 전기충격의 능력 등 물고기의 신체 작용에 대한 비밀이 밝혀질 것이다. 물고기의 이상하고 때로는 당혹스러운 행동을 먼저 보여주고, 그런 행동을 하는 경위와 원인을 설명할 것이다. 그리고 어떻게 그런 비결을 발견하게 되었는지에 대한 역사를 탐구할 것이다. 그들이 우리 삶에서 그리고 전체로서의 세계에서 얼마나 중요한 역할을 하는지에 대해서 살피려고 한다.

　50종의 물고기는 아주 깊은 심해부터 아주 얕은 연못에 이르기까지 어디에서나 살고 있으며, 버스 크기의 거대 물고기부터 엄지손가락 정도의 아주 작은 물고기까지 다양한 형태를 취하고 있다. 이들 모두가 중요하며, 자연 세계가 얼마나 놀라운지를 보여준다.

　첨부된 그림은 과학적으로 그렇게 정확하지는 않다. 그냥 각 물고기의 특징을 포착하려는 시도 정도라고 할 수 있다. 그렇긴 해도, 여러분이 여행하다 우연히 물고기를 보게 되었을 때 알아볼 수 있을 정도는 될 것이다.

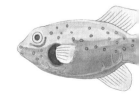

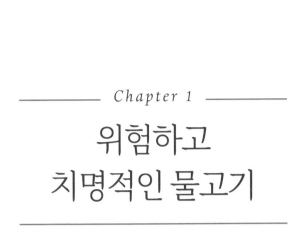

———— *Chapter 1* ————

위험하고
치명적인 물고기

제1장에서는 물고기 세계에서 가시와 칼, 심지어 채찍으로 무장한 무시무시하고 포학한 어류를 소개한다. 이 무서운 물고기들은 독살부터 감전사까지 다양한 대응으로 자신을 지킨다. 이렇게 방어를 잘하거나 공격적인 물고기가 주변에 있으면 다른 물고기들은 조심해야 한다. 이들 중 일부는 사람에게도 위험하다. 겉으로는 귀여워 보여도 모두 치명적인 비밀 무기를 갖고 있다.

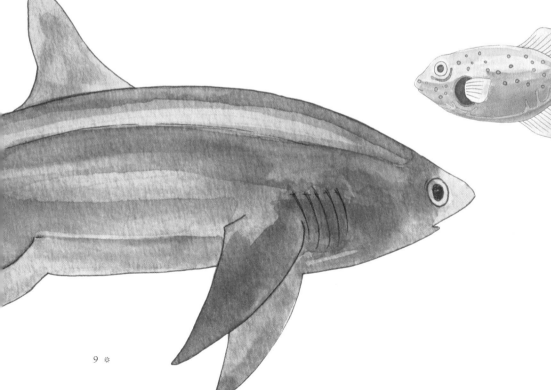

01

흰점꺼끌복

{*Arothron hispidus*}

일반명
가시복어

몸길이
최대 50cm

서식지
암초, 석호,
큰 강 어귀, 조수 웅덩이

눈에 띄는 특징
이빨

개성
은둔적이며 방어적

좋아하는 것
모래 조각

특별한 기술
강한 독성, 몸을
뾰족뾰족한 공 모양으로
부풀릴 수 있음

보존 상태
관심 대상

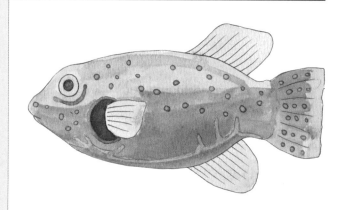

복어에 대해서는 책 한 권을 통째로 쓸 수도 있다. 참복과에 속하는 복어는 그 종류가 200종 이상이다. 크기도 인도에 서식하는 엄지손가락 마디처럼 작은 담수 어종부터 아프리카에 서식하는 괴물처럼 큰 어종까지 다양하지만, 면밀하고 흥미롭게 살아간다는 점은 모두 같다. 복어의 점 패턴과 무늬 종류도 정말 다양하지만, 모두 동일한 '단체 기술'을 구사할 수 있다. 이 기술은 바로 위험이 닥칠 때 자기 몸을 '부풀리거나 볼록하게' 만들어서 뾰족뾰족하고 이상한 공 모양으로 바꿀 수 있는 것이다. 생존에 꼭 필요한 중요한 기술이다.

흰점꺼끌복이 이렇게 할 수 있는 것은 다량의 물을 흡입하여(물 밖에 있을 때는 공기 흡입) 탄성이 뛰어난 피부를 늘어나게 만들어서 그 유명한 풍선 모양으로 부풀리기 때문이다. 복어는 이 기술을 아주 빠르게 구사하여 포식자를 겁주고 복어를 맛없게 만들 수 있는 놀라운 방어 기전을 작동시킨다. 하지만 이 기술에 앞서 흰점꺼끌복이 일반적으로 가장 먼저 취하는 방법이 있는데, 적을 만날 때마다 우선 가능한 한 빨리 달아나서 몸을 숨기는 것이다. 이 방법이 효과가 없을 때 플랜 B를 실행하는데, 그것이 바로 '부풀리기'다!

이 색다른 방어 기전에는 세 가지 효과가 있다. 첫째, 빠른 속도와 상대를 불안하게 만드는 모양과 모습으로 적을 놀라게 하여 잠재적으로 위협한다(물고기는 놀라는 것을 좋아하지 않는다). 둘째, 복어의 크기가 갑자기 원래보다 3배나 커지기 때문에 금세 거대해진다. 커지기 전에는 한 입 거리의 간식처럼 보이던 것이 이제는 잠재적 포식자의 입에 들어가지 않을 수도 있다. 마지막으로 많은 종류의 복어 표피는 보호용 가시로 뒤덮여 있다. 일부는 가시가 너무 많아서 '가시복(porcupinefish)'이라 불리기도 한다.

이런 부풀리기 방법은 독특하고 극적인 방어책이지만, 복어가 지구상에서 가장 독성이 강한 생물이라는 점을 생각하면 약간 과도한 방법이라고 볼 수도 있다. 복어를 먹은 포식자가 죽을 수 있기 때문이다. 하지만 그때는 복어 역시 이미 죽은 상태일 것이므로 복어 입장에서는 너무 늦다. 따라서 가시가 있는 무서운 공으로 몸을 부풀리는 과정이 포식자에게는 복어를 먹으면 먹이는 물론 자기 자신도 죽게 된다는 교훈을 얻을 수 있는 기회가 된다. 그럼에도 잠재적인 위협이 적지 않다. 상어와 돌고래를 비롯한 다른 커다란 해양 생물들은 모두 복어를 먹는 것으로 알려져 있으며, 그중 다수는 복어의 독에 면역이 있는 것으로 보인다. 사람이 복어를 먹으면 분명 죽지만, 자세히 알아보면 일부 사람에게는 해독할 방법이 있는 것 같다.

복어의 종류는
200종 이상이며,
모든 어종이
면밀하고 흥미롭게
살아간다.

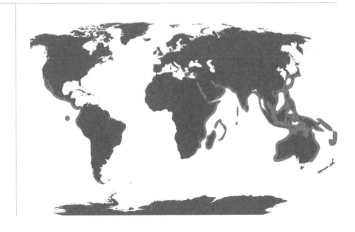

치명적 독

복어가 다른 많은 생물에게 치명적인 이유는 복어 안에 있는 테트로도톡신(tet-rodotoxin)이라는 화합물질 때문이다. 독성이 청산가리보다 1,500배나 강해서 매우 치명적인 이 독은 복어 자체에서 생성되는 것이 아니라 복어 몸에만 서식하는 박테리아에서 파생된다.

인간은 이 독의 위험성을 알면서도 여전히 복어를 먹는다. 일본에서 후구(フグ)라고 알려진 복어 요리는 특히 회로 먹을 때 맛있는 것으로 유명하다. 복어 요리사는 최소 11년은 훈련을 받아야 하며, 그중 수습 과정만 해도 3년이다. 복어 요리를 준비할 때 가장 중요한 것은 테트로도톡신이 복어의 특정 기관에만 있다는 사실이다. 어종마다 다르고 특히 어린 복어의 경우 껍질에도 종종 그 흔적이 있기는 하지만, 테트로도톡신은 주로 간, 신장, 난소에 존재한다. 나는 복어를 먹어본 적이 있는데 맛이 좋았다. 하지만 매번 죽을 위험을 감수하고 먹을 정도로 아주 맛있다는 확신은 여전히 들지 않는다.

복어과 중에서 가장 큰 종류는 담수어인 MBU 복어(*Tetraodon mbu*)다. 길이는 75cm 이상 자랄 수 있고 축구공 크기까지 부풀릴 수 있으며, 중앙아프리카의 콩고에서 탕가니카호에 이르는 강과 호수에서 서식한다. MBU 복어의 독성은 바다에 사는 일부 복어만큼이나 강하고, 알려진 항독소는 없다.

복어가 물을 흡입하여 몸을 부풀릴 경우, 몇 초 만에 물을 뺄 수 있다. 공기를 흡입할 경우에는 빼는 과정이 좀 더 복잡하다.

앞 이빨 네 개

복어의 과 이름인 참복과(Tetraodontidae)는 복어에 들어 있는 독소와는 아무 관계가 없고, 사실 이빨과 관련되어 있다(오히려 과 이름에서 독소의 이름이 파생되었다). 복어는 눈에 띄는 앞 이빨 네 개가 있는데(고대 그리스어로 'tetra'는 숫자 4를, 'odont'는 이빨을 뜻한다), 이빨들이 거의 결합되어 있어서 자세히 들여다보아도 하나로 보이고 부리처럼 보인다. 이런 모양으로 적응했다는 것은 복어가 일부 먹이에 집중할 수 있음을 의미한다. 이를테면 달팽이와 갑각류, 산호처럼 다른 물고기들의 손이 닿지 않는 먹이 말이다. 복어는 앵무새의 부리를 닮은 이빨로 먹이를 감싼 석회질을 효율적으로 부술 수 있다. 그리고 이렇게 먹이를 획득할 수 있게 디자인된 이빨 덕분에 참복과 물고기는 열대 지방과 그 너머의 바다, 강, 호수, 하구로 이동했다.

복어들 중에서 '예술가'라 부르는 어종이 있다. 일본 앞바다에 사는 흰점박이복어(*Torquigener albomaculosus*)라는, 흰점꺼끌복과 헷갈릴 정도로 비슷한 이름을 가진 작은 물고기다. 그런데 이 물고기의 수컷이 독특한 무언가를 만들어낸다. 1995년에 이 수컷 물고기가 만들어낸 놀라운 것이 다이버들에 의해 처음 공개되었을 때, 무엇이 그것을 만들었는지 아무도 알지 못했다. 다이버들이 발견한 것은 모래로 된 지름이 2m가 넘는 거대하고 복잡한 원형 패턴이었다. 이것은 나중에 물고기 보금자리라고 밝혀졌지만, 처음에는 공상 과학 소설에 나오는 구조물처럼 보였다.

> 무엇이 거대하고 복잡한 원형 패턴을 만들었는지 알지 못했다.

1980년대에 영국에서 발견된 크롭 서클(농작물이 일정한 방향으로 쓰러져서 커다란 원형을 만든 현상—역주)처럼 외계인이나 장난꾸러기들이 만든 구조물이라는 소문이 있었지만, 구조물을 만드는 중이던 진범이 확인되어 과학 논문으로 발표되기까지는 거의 20년이 걸렸다. 이 신비한 건축가는 12cm 길이의 작고, 다소 둔하게 생긴(좀 더 정확하게 말하면 잘 위장된) 수컷 복어로 과학계에는 처음 알려진 종류였다. 그 패턴을 만드는 데 최대 6주가 걸렸다. 번식을 위해 인내심을 갖고 오로지 꼬리로만 그 모든 패턴을 만들었는데, 이 모든 수고는 암컷에게 구애를 하기 위한 것이었다. 분명히 독성이 강한 물고기에게도 숨겨진 재능이 있었다. 그러면 이제 사람들에게 '복어감상협회' 가입을 권해도 되지 않을까?

02

청새치

{Kajikia audax}

일반명
새치, 줄무늬새치

몸길이
최대 3.7m

서식지
태평양, 인도양

눈에 띄는 특징
칼처럼 뾰족한 코

개성
빠른 속도로 돌아다님

좋아하는 것
미끼 물고기 떼

특별한 기술
빠른 속도, 방향
조종 능력

보존 상태
준위협

칼 처럼 뾰족한 코를 원하지 않을 동물이 있을까? 칼 같은 코가 있으면 가장 우아하고 비범하게 물살을 가를 수 있다. 다시 말하지만, 아무리 뛰어난 인공지능 발명가도 생김새와 움직임이 이 해양 물고기처럼 완벽한 생명체를 만들 수는 없을 것이다. 이 물고기를 알아보지 못하는 일은 없다. 하지만 청새치를 제1장 '위험하고 치명적인 물고기'에 넣은 이유는 이 물고기가 대양에서 최상위 포식자 중 하나이기 때문이다.

청새치는 돛새치과(Istiophoridae) 물고기들(11종) 중에서는 가장 작지만, 그래도 길이가 3.7m, 몸무게는 204kg에 달할 정도로 거대하다. 청새치는 수중익처럼 움직이는 지느러미를 갖고 있는데, 이 지느러미를 필요한 속도에 따라 다양한 각도로 올리거나 내려서 역동적이고 간결하게, 그리고 엄청 활발하게 움직인다. 이렇게 모터 요트와 유사한 점 때문에 청새치에게

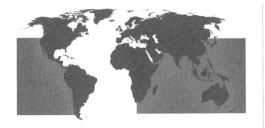

청새치는 대양에서
최상위 포식자 중
하나이다.

는 돛새치(sailfish)라는 또 다른 이름이 있지만, 보다 정확하게는 돛새치라고 명명된 돛새치속(Istiophorus) 돛새치과에는 다른 두 종이 있다. 아무튼 거대하고 끝이 아주 뾰족한 이 가슴지느러미가 아주 빠르게 방향을 지시하고 조종한다. 그 결과 청새치는 급선회하며 몸을 돌리면서도, 노련한 펜싱 선수처럼 칼 같은 커다란 코를 휘둘러 빛나는 은색의 미끼 물고기 떼를 내리치기도 하고 슬쩍 피하기도 하면서 그 사이를 헤치고 나아가며 물고기 떼를 깜짝 놀라게 한 뒤 재빨리 꿀꺽 삼켜버린다. 이렇게 정교하게 제어하면서 세게 돌격하도록 적응된 청새치는 청상아리나 다랑어과 같은 다른 단거리 최고 주자들과 함께 해양에서 가장 빠른 동물이 되었다. 다랑어과 물고기들에 대해서는 202~205쪽에서 다루기로 한다.

얼룩말과 같은 줄무늬

청새치는 돛새치과 물고기들 중에서 가장 널리 분포되어 있으며 몸통에 있는 구찌 줄무늬와 눈부신 파란색과 검은색 배합으로 아마 가장 아름다울 것이다. 다른 종들은 대부분 열대 바다에 한정적으로 서식하지만 일명 '줄무늬새치'(stripey, 내가 좋아하는 이름)는 약간 대담하고 모험적이어서 아열대, 심지어는 온대 바다에도 있다. 청새치는 미끼 물고기 떼를 따라 어디든 가기 때문에 이동성이 높다. 그 결과 멕시코만 주변에서 헤엄치던 물고기가 몇 주 후에는 뉴칼레도니아섬 근해에서 파도를 가르고 있을 수도 있다. 여러 날에 걸쳐 수천 킬로미터를 이동할 수 있으며 한 곳에서만 서식하기는 대단히 힘들다. 이 어종은 인도-태평양 전역에서 발견되며(사실 일반적으로 유일하게 대서양에서만 발견되지 않는다), 대개는 홀로 생활하지만 넓은 대양에서는 함께 모여 대규모의 화려한 물고기 떼를 형성할 수도 있다. 따라서 이런 습성을 잘 아는 낚시꾼들은 청새치를 쉽게 잡을 수 있다. 이 물고기를 볼 수 있는 가장 좋은 장소는 바하칼리포르니아주 앞바다다. 수심이 깊지만 푸른 바닷물이 맑아서 최고의 모습을 볼 수 있다.

빠르고 활동적이며 도처에서 볼 수 있는 청새치의 가장 큰 문제는 지구상에서 가장 위험하고 실질적인 포식자인 인간의 큰 관심을 받고 있다는 점이다. 설상가상으로 산소를 많이 접하고 빠른 속도로 이동하는 생활 덕분에 이 물고기의 살은 붉고 기름기가 풍부하며 맛이 좋다. 당연히 청새치는 지속 가능하지 않은 무분별한 남획의 대상이 되었고, 수산업계의 대기업 23개 회사는 오로지 이 물고기만 잡으려고 한다. 세계적으로 또 지역적으로 청새치를 포획하려는 압력이 엄청났다. 국제과학위원회(ISC) 돛새치 워킹그룹에 따르면, 1975년에 잡힌 청새치는 총 18,739톤에 달했지만, 2016년에는 크게 감소하여 6,614톤에 불과했다. 이런 결과는 수산업계가 포획량을 줄이기로 결정해서가 아니라 청새치의 개체 수가 크게 줄었기 때문이다.

청새치의 등장에 물고기 떼가 걱정하는 듯 보인다.

신비한 바다 유랑자

이렇게 위태로운 처지가 된 것은 단순히 이 어종이 돌아다녀서일 뿐만 아니라 이 어종의 생태에 대하여 잘 알지 못하기 때문이기도 하다. 우리는 이 어종의 수명, 생애 주기의 주요 부분, 성장 속도, 번식 가능 시기 등에 대하여 무지하다. 과학적인 증거를 통해 태어나고 2년 동안 빠르게 성장한다는 것을 알 수 있지만, 그 이후 무슨 일이 일어나는지 거의 알려져 있지 않으며 청새치의 생태 대부분은 신비에 싸여 있다.

이러한 지식 부족 때문에 장기적으로 청새치를 관리하고 보존하는 일이 매우 어렵다. 인간의 영양과 취미 활동 요구의 균형을 맞추면서 이 어종의 개체 수를 건강한 상태로 유지하는 것은 엄청나게 복잡한 일이다. 중요한 문제는 청새치를 어떻게 관리해야 만족을 모르는 세계 수산물 시장에 적당히 공급하는 동시에, 건강한 번식 개체 수를 유지할 정도로 야생 생태계에 남겨둘 수 있느냐다. 즉 다음 세대를 위해 청새치가 병에 걸린다든지 번식을 못한다든지 등의 자연 재난을 모두 견딜 수 있을 정도의 충분한 수를 남겨야 하는 것이다.

> 중요한 문제는 청새치를
> 어떻게 관리해야
> 세계 수산물 시장에
> 공급하는 동시에
> 야생 생태계에
> 충분한 수를 남겨둘 수
> 있느냐다.

그렇다면 우리는 청새치의 생활 방식과 생활 이력을 제대로 알지 못하는 상태에서 이 어종의 생존을 어떻게 관리할 수 있을까? 많은 생물학자들이 이런 정보를 알아내기 위해 끊임없이 노력하고 있다. 그러니까 남획으로 청새치가 멸종하기 전에 성공을 기대하자!

또 이 놀라운 물고기가 얼마나 예쁘고 경이로운지 잠시 생각해보자. 황새치, 청새치, 새치 등 그 이름이 무엇이든 그들은 인상적이고 멋지며, 대단한 바다 생물이다. 하지만 떠다니는 작은 알에서 부화할 때는 날씬한 유선형이 아니다. 새끼 청새치는 아마 개복치(*Mola mola*, 82~85쪽 참조)와 호각을 이룰 정도로 지구상의 아기 생물체들 중에서 가장 우스꽝스러운 존재임이 분명하다.

03

점쏠배감펭

{*Pterois volitans*}

일반명

제브라피시,
파이어피시, 터키피시,
버터플라이 코드,
스콜피온 볼리탄

몸길이

40cm

서식지

연안 내수, 수족관

눈에 띄는 특징

긴 지느러미,
독이 있는 가시

개성

무자비한 포식자

좋아하는 것

싸움

특별한 기술

독침

보존 상태

관심 대상

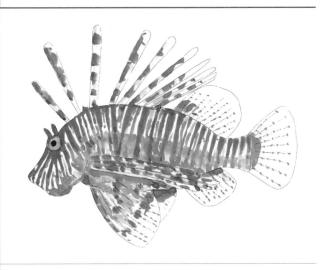

점 쏠배감펭처럼 아름다운(또는 색칠하기 복잡한) 물고기는 매우 드물다. 흰색과 분홍색 줄무늬의 물결치는 실 같은 지느러미가 이 물고기를 장엄한 잠수함 함대처럼 보이게 한다. 또한 가시로 중무장을 하고 있는데, 여기에 싸움꾼의 욕구가 결합되어 진짜 사나운 포식자가 된다. 점쏠배감펭은 카리브 해 전역을 사정없이 파괴하는 물고기 세계의 해적이다.

쏠배감펭속(*Pterois*)의 본래 서식지는 인도 태평양 대양이며, 암초와 항구를 선호하여 해안 가까운 곳에서 주로 발견되지만, 바다에서 2000킬로미터 이상 떨어진 시카고 같은 곳에서도 이 종의 희생자가 나왔다.

일 년 동안 약 3만 마리의
점쏠배감펭이
미국으로 수입된 것으로
추산된다.

수조 속 점쏠배감펭

이국적으로 아름다운 점쏠배감펭은 빠르게 전 세계 수족관에서 가장 많이 찾는 물고기가 되었다. 2016년 4월부터 2017년 4월까지 일 년 동안 약 3만 마리의 점쏠배감펭이 미국으로 수입된 것으로 추산된다. 문제는 이 물고기가 수조보다 더 크게 자라고, 수조 안에 함께 있던 다른 생물들을 잡아먹고, 급기야 주인을 다치게 하여 병원에 입원시키는 일(미국에서는 큰돈이 드는 일이다)이 종종 있다는 점이다.

현란한 지느러미와 화려함 사이에 가시 18개가 숨겨져 있는데, 이 가시들은 가장 질긴 껍질도 뚫을 수 있을 정도로 날카롭다. 게다가 공격자가 감지되면 상대에게 위험한 독을 주입한다. 가장 위험한 지느러미는 등지느러미(윗면에 있는 지느러미)에 죽 배열되어 있다. 현란한 지느러미들 사이에 총 13개가 숨겨져 있고, 각 배지느러미에 1개 이상, 뒷지느러미에 3개가 있다. 포식자가 점쏠배감펭을 통째로 입에 넣으려는 시도는 한 번으로 족하다. 점쏠뱅감펭의 지느러미 껍질은 아주 미세한 압력에도 뒤로 밀려서 찌를 듯한 가시를 드러내므로 점쏠배감펭은 모든 지느러미를 곤두세워서 몸을 따라 있는 홈에 독을 넣어 적을 독살한다. 대체로 이 나중 단계를 마지막으로 멋모르던 상대 포식자는 끝이 난다.

독성 쇼크

점쏠배감펭의 독에는 아세틸콜린이 함유되어 있다. 이것은 인간의 체내에도 있으며 근육을 움직이게 하는 화학물질이다. 아세틸콜린은 신경전달물질로, 양이 농축되면 신경이 상상 이상의 고통스러운 통증을 느끼게 된다. 이 통증과 함께 대개는 종창, 출혈, 타박상이 동반되며 운이 좋을 경우 약간 저린 느낌만 있을 수도 있다. 죽을 가능성은 없지만, 알레르기, 심장마비, 실신, 숨가쁨으로 인한 아나필락시스 쇼크가 올 수 있다. 따라서 반드시 의학적 치료를 받아야 한다.

간혹 점쏠배감펭의 독소 중독증이 '발발'한다. 1993년에서 1994년까지 2년 동안 시카고에서 33명이 점쏠배감펭에게 손을 쏘여서 응급실에서 치료받는 사건이 발생했다. 이 중에서 병원에 입원까지 한 사람은 2명에 불과했다. 점쏠배감펭이 해양 어종임에도, 내륙 도시인 시카고에 있는 응급실 의료인 몇몇은 이 물고기의 독소 중독증을 치료하는 전문가가 되었다. 시카고에 있는 수족관 직원들이 이 물고기를 서투르게 관리했기 때문이다. 이런 상해 사건이 왜 그렇게 자주 일어났을까? 점쏠배감펭은 영역 주장이 강하고 매우 공격적인 것으로 알려져 있다. 따라서 침입하는 손이 보이면 '우연을 가장하여' 침입자에게 접근할 가능성이 높다.

점쏠배감펭의 침입

1985년에 플로리다주 데니아 비치의 대서양 연안에서 점쏠배감펭이 처음 목격된 이후, 이 지역에서 침입종으로 자리잡으면서 이 어종이 위험하다는 것도 분명해졌다. 이것은 본격적인 침입의 시작이었다. 2019년에 플로리다주에서 이틀 동안 점쏠배감펭 잡기 축제가 열렸고, 참가자들은 총 15,000마리를 잡았다. 점쏠배감펭은 노스캐롤라이나와 카리브해 주변까지 미국의 대서양 연안에서 빠르게 자리를 잡았다.

점쏠배감펭은 일 년 내내 수천 개의 알을 낳을 수 있다.

우리는 생태계의 작용 방식을 점점 인식하게 되면서, 파괴로부터 스스로를 방어할 수 없는 세계에 최상위 포식자를 끌어들이면 결말이 좋지 못한 경향이 있다는 것을 알게 되었다. 점쏠배감펭은 이제 대서양과 멕시코만의 따뜻한 바다에서 번성하면서 토종 어종의 개체 수를 감소시키고 그루퍼(grouper, 농어의 일종—역주)나 스내퍼(snapper, 도미의 일종—역주) 같은 원래 그 지역 토종 포식자들과 경쟁하고 있다.

그에 따라 안정된 이 생태계의 균형을 교란시키고 있다.

가장 큰 우려는 점쏠배감펭이 스스로를 방어할 수 없다고 알려진 물고기를 잡아먹을 뿐만 아니라 생태계에서 아주 중요한 역할을 하는 생물도 먹이로 삼으려고 한다는 것이다. 이를테면 해조류를 먹는다거나 과밀한 갑각류를 죽인다. 일단 특정한 종이 제 역할을 할 수 없을 정도로 증식되지 못하거나 제거되면 전체 생태계가 붕괴될 수 있다. 플로리다와 아루바(카리브해에 위치한 섬—역주), 그 외에 점

점쏠배감펭은 대담한 성격이어서 사람들 눈에 잘 띈다.

쏠배감펭의 영향을 받는 지역에서 개인 다이버들과 다이빙 학교가 정기적으로 이 어종을 잡고 있다. 다이버들은 이 물고기를 잡는 운동을 열정적으로 하지만, 영구적으로 모조리 없애기는 어렵다. 다만 점쏠배감펭을 포획하면 한 가지 좋은 점이 있다. 인근 사람들 말에 따르면 이 물고기가 참 맛있다는 것이다. 카리브해나 플로리다의 식당에서 이 물고기를 주문할 경우, 환경 보호에 동참하는 셈이다.

점쏠배감펭은 자기를 먹으려고 하는 더 큰 물고기를 두려워할 필요 없이 하루 종일 암초 주변을 돌아다니는 잔인한 포식자다. 이 물고기는 부레(산소가 채워진 주머니로 물고기가 떠 있거나 가라앉는 일 없이 부력을 유지할 수 있게 해준다) 안의 공기 수준을 조절할 수 있다. 그 덕분에 힘들이지 않고 마음껏 돌아다니다가, 펼친 지느러미로 먹잇감을 현혹하고 어리둥절하게 만든 후에 잡아먹는다. 번식할 때는 일 년 내내 수천 개의 알을 낳을 수 있다.

다행히 본래 서식지에서 점쏠배감펭의 수는 상어를 포함하여 여러 종류의 포식자들에 의해 일정 수준으로 통제된다. 하지만 카리브해는 이들의 본래 서식지가 아니기 때문에, 상어가 이 물고기들을 낯설어하고 먹이로 인식하지 않는다. 그래서 해양 생물학자들은 점쏠배감펭의 개체수를 통제하기 위해 이들을 잡아먹도록 상어를 훈련시키려고 한다. 즉 이들의 침입을 통제하는 데 도움이 될 어류를 뽑고 있는 것이다. 이 방법이 효과가 있으려면 시간이 걸리겠지만, 빠른 시일 내에 카리브해 상어가 배고파지기를 기원해 보자.

04

노던파이크

{Esox lucius}

일반명
잭 파이크(Jack),
창꼬치(luce),
파이크피시(pike-fish)

몸길이
평균 25~63cm

서식지
시내, 호수, 큰 강

눈에 띄는 특징
줄무늬, 이빨

개성
잠복

좋아하는 것
거의 모든 것을 먹음

특별한 기술
공격하기 전까지
완벽하게 가만히 있음

보존 상태
관심 대상

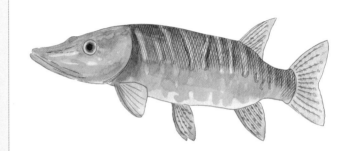

비밀스럽고 사악한 노던 파이크보다 무서운 포식자는 거의 없다. 대부분의 물고기는 헤엄쳐 도망칠 기회도 얻지 못한다. 비늘과 기포, 크게 벌리면 보이는 단검 같은 이빨이 가득한 들쭉날쭉한 입으로 적들을 끝장낸다. 설사 가벼운 상처를 입고 도망친다 해도, 파이크의 침에는 항응혈 성분이 있기 때문에 불쌍한 희생자의 피가 멈추지 않고 계속 흘러나올 수 있다.

서로 전혀 관련은 없지만 노던 파이크는 원양에 서식하는 꼬치고기속(barracuda)과 아주 비슷하다. 중심이 낮은 아래턱은 어뢰 모양이고, 뒷지느러미를 이용하여 힘을 얻어 빠르고 역동적으로 '폭발하듯이' 갑자기 행동한다. 노던 파이크는 캐나다를 포함한 북아메리카와 유럽의 민물고기 중에서 가장 큰 포식자인데, 북아메리카에서 발견되는 강늉치고기(*Esox masquinongy*)라고 하는 아주 비슷한 종과 혼동하면 안 된다. 강늉치고기는 노던 파이크보다 조금 크지만 서식지가 훨씬 제한되어 있다. 강늉치고기와 노던 파이크 사이의 교배종을 흔히 '타이거 파이크'라고 하는데, 상당히 유명하고 예쁘다. 이 교배종은 번식을 하지 못하며, 대개 낚시꾼을 위해 우리 안에서 사육된 후 통제된 어장이나 개인 소유의 강과 호수로 방생되는데, 종종 그곳에서 야생으로 달아난다.

거대한 파이크

기록으로 남아 있는 가장 큰 노던 파이크는 1986년 독일에서 잡힌 25kg의 괴물이었다. 물론 어부들은 항상 더 컸던 '도망친 녀석들'에 대한 이야기를 하고, 더 큰 파이크에 대한 보고도 많다. 낚시 문헌을 보면 무게 31kg에 길이 1.5m짜리, 무게 35kg에 길이가 1.8m에 달하는 것에 대한 보고도 찾을 수 있다. 그러나 최종 정보는 아무래도 낚시 역사가인 프레드 불러(Fred Buller)가 쓴 《거대한 파이크에 대한 현황 조사(Domesday Book of Mammoth Pike)》를 봐야 한다. 현대적인 의미에서 제대로 기록되어 있다고 보이진 않으나, 이 책에는 훨씬 큰 물고기에 대한 이야기가 실려 있다.

　정말 큰 파이크는 암컷일 가능성이 높다. 노던 파이크 암컷은 수컷보다 상당히 크기 때문에 일반적으로 크기에 따라 성별을 구별하는 것이 가장 확실한 방법이다. 봄이 되어 수위가 높으면, 번식기의 수컷 파이크는 물속의 자기 영역에서 수초가 많은 곳으로 향한다. 이는 번식 본능이 일반적인 수컷의 경계심보다 우선한다는 뜻이다. 수컷은 암컷을 희롱하고 살살 몰고 가면서 수초 아래에 알을 낳으라고 자극한다. 다음으로 모든 수컷은 여기에 동시에 어백을 뿌려서 수

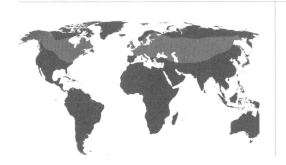

정말 큰 파이크는 암컷일 가능성이 높다.

정시킨다(어백은 실제로 정자다. 이후 정자들끼리 서로 경쟁하고 가장 강한 것이 수정란을 만든다). 그리고 주변 수초에 달라붙은 끈적끈적한 수천 개의 수정란은 2주 안에 호랑이 줄무늬의 작은 파이크 물고기로 부화한다.

노던 파이크의 아래턱은 오로지 한 가지 목적, 잡아채기를 위한 것이다.

아주 추운 북쪽에는 살지 않는다

노던 파이크는 따뜻한 프랑스의 리비에라부터 겨울이 혹독한 시베리아까지 넓은 기후 지역에서 살 수 있다. 심지어 수면이 얼어붙는 곳에서도 서식할 수 있다. 낚시꾼들은 얼음(장소에 따라서 두께가 수 미터에 달할 수 있다)에 구멍을 뚫고 미끼를 내려서 배고픈 파이크의 관심을 끈다. 많은 낚시꾼이 파이크 얼음낚시를 좋아하기 때문에 인터넷에는 물속에서 흔들리는 미끼를 덥석 물 준비를 하고 쳐다보는 파이크를 찍은 영상도 많다. 그보다 더 중요한 것은 노던 파이크가 추운 스칸디나비아와 북아메리카 원주민의 식단에서 중요한 역할을 한다는 사실이다.

노던 파이크는 영역 주장이 강해서 가장 큰 물고기가 우위를 점하고, '잭 파이크'라고 하는 작고 어린 파이크는 약간 경계하는 태도를 보인다. 그러나 미적 감각에서는 잭이 더 매력적이기에 이 책에는 잭의 삽화를 실었다. 파이크는 성장하면서 밝은 노란색의 띠가 점점 희미해지고 올리브색이 보다 고르게 나타난다. 큰 파이크가 작은 파이크를 잡아먹는 것으로 악명 높기 때문에 어린 파이크에게는 위장이 필수다. 호수에서 가장 큰 파이크를 없애면, 작은 '잭'들이 서로 잡아먹으려는 혼란이 야기된다고 한다. 이는 영역 지배를 위해 가능한 한 자신이 커지기 위해서다. 잭 파이크는 싸우기 좋아하고 영악하다. 종종 '감당도 못하면서 욕심만 부리기도' 한다. 그래서 자기만 한 잭 파이크를 삼키려고 하다가 숨이 막혀 죽은 상태로 발견되는 일도 가끔 있었다.

잔인한 우아함

노던 파이크의 잔인한 종 특징은 냉철한 우아함 때문에 잘못 전해진 내용이다. 커다란 가슴지느러미와 등지느러미 덕분에 이 물고기는 지느러미의 속도와 모양을 미세하게 조정하여 정지 자세를 거의 초자연적으로 유지하면서 물에 멈춰 떠 있을 수 있다. 마치 전선에 매달려 있는 것처럼 보인다. 이런 우아한 모습의 이면에는 대단히 놀라운 균형 감각 덕분에 먹잇감을 아주 정확하고 정밀하게 공격할 수 있다는 어두운 면이 있다. 겉으로는 여전히 꼼짝 않고 있는 듯 보여도, 출발 신호가 떨어지면 달려나가려고 대기 중인 단거리 주자처럼 앞으로 튀어나가기 전의 용수철 같은 상태에 있다. 그리고 돌진하면서 거대한 머리를 빠르게 한쪽으로 돌려 악어 같은 동굴 모양의 아래턱으로 먹이를 잡아챈다. 날카롭게 뾰족한 이빨이 안쪽을 향해 있어서 일단 잡힌 먹이는 결코 탈출하지 못한다. 이 뾰족한 어금니 때문에 파이크의 입에서 낚싯바늘을 빼낼 때에는 아주 조심해야 한다.

일반적으로 작은 먹이는 잡아 무는 순간 바로 해치우지만, 큰 먹이는 익사시킨 다음 뒤흔들어야 먹을 수 있다(이번에도 약간 악어의 방식과 비슷하다). 파이크는 먹이를 가리지 않는 편이다. 대부분의 어류는 물론 개구리, 작은 포유류(물에 들어간 들쥐, 쥐, 생쥐)와 조류(특히 약한 병아리)도 먹는다. 간혹 근거 없는 주장이긴 하지만, 커다란 파이크 때문에 개가 실종되었다는 출처가 의심스러운 보고도 있다. 역시 입증되지는 않았지만, (낚싯바늘을 제거하던 중이라기보다는) 뜻밖에 까닭 없이 공격을 당한 사람에 대한 보고가 여럿 있다. 그중에는 빅토리아 시대에 지주 계급 소유의 송어 수역이나 양어장에서 파이크를 없애기 위한 선전일 가능성이 더 높지만, 잉글랜드에서 발생했다고 하는 수상한 보고 두 건도 포함된다. 사실 파이크와 브라운송어(198~201쪽 참조)는 종종 같은 호수와 강에서 발견되고 야생에서 서로 사이좋게 살아갈 수 있다. 따라서 파이크가 절대적인 포식자이긴 하지만, 많은 최상위 포식자처럼 스스로를 강하고 건강하게 지키면서 자기가 속한 생태계의 수호자이기도 하다.

> 커다란
> 가슴지느러미와
> 등지느러미는 물에서
> 멈춰 떠 있을 수 있게
> 해준다.

05

모토로 담수가오리

{*Potamotrygon motoro*}

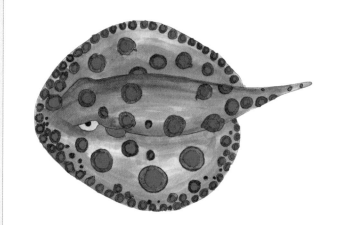

바다에서 노랑가오리를 찾는 것은 상당히 흥미로운 일이지만, 강에서도 사는 가오리가 있다. 대부분의 남아메리카 원주민들이 정말 두려워하는 물고기는 피라냐와 베도라치가 대표적이지만, 모토로 담수가오리 역시 마찬가지다. 언젠가는 비밀스럽고 포착하기 어렵지만 위험한 이 가오리 때문에 모두 다치게 될 수도 있다.

모토로 담수가오리(Ocellate river stingray)는 눈에 잘 띄지 않도록 특별하게 진화했다. 이러한 특징은 이 물고기의 서식지에서 얕은 흙탕물을 맨발로 건너는 사람들에게는 위협적이고 불행한 일이다. 보통 치명적이지는 않지만, 모토로 담수가오리에 쏘이면 그 통증은 어디에 비할 곳이 없을 정도로 고통스러우며, 상처를 빨리 제대로 치료하지 않으면 더러운 물 때문에

2차 감염이 되어 상처가 악화되는 경우가 자주 있다.

　어떻게 납작하고 엽기적으로 생긴 이 물고기가 이토록 강한 위력을 갖고 있을까? 그리고 자기만의 무기를 어디에 보관할까? 그 비밀은 바로 가늘고 긴 꼬리에 있다. 세상에는 다양한 종류의 가오리가 있지만, 가장 위험한 종류는 민물가오리과(Potamotrygonidae)다. 38종 모두(남아메리카에서만 발견되며, 비슷한 과인 색가오리과[Dasyatidae]는 아프리카와 아시아에서 발견된다) 꼬리 윗면에 칼집이 숨겨져 있고, 그 안에는 아주 작은 사무라이 칼처럼 생기고 가장자리에 작은 미늘 수천 개가 있는 침이 들어 있다. 위협을 받거나 밟히면 꼬리를 뒤집어서 감지된 위협 대상을 휙 베어 버린다. 이 무기는 순전히 자기방어가 목적이며 강력하고 기능적이다.

심플하게 톡 쏜다

이 방어 기전이 이루어지는 전체 과정은 상당히 단순하다. 독샘에 칼집이 있고 그 안에 미늘이 달린 침이 있기 때문에 침은 계속 독샘에 담겨져 있는 상태다. 그래서 이것이 사람의 발목이나 정강이를 내리치면, 칼날 같은 침 가장자리의 미늘 때문에 상처가 생기고 끈적끈적한 독이 상처를 통해 사람의 몸안으로 들어가게 된다. 이렇게 외상을 입는 과정은 칼날이 톱니처럼 생기고 녹슬어서 감염을 일으키는 빵칼에 베이는 것과 비슷하다고 할 수 있다. 항상 많은 피를 흘리고 독이 섞인 점액이 몸안으로 들어가게 될 것이다. 이 과정은 정밀하지는 않지만 효과적이다.

　운이 없어서 담수가오리에게 상처를 입었다면, 침착하게 물에서 빠져나와

모토로 담수가오리는 대부분의 남아메리카 원주민들이 정말 두려워하는 물고기다.

구할 수 있는 가장 깨끗한 '살균 용액'으로 상처를 씻어내는 것이 가장 좋다(따뜻한 비눗물이 제일 좋지만, 없다면 순수 알코올을 사용해도 된다. 알코올로 씻으면 가오리에 쏘인 만큼은 아니어도 많이 아프겠지만 알코올에는 균이 없다). 물이나 알코올은 남아 있는 독을 씻어내는 역할을 한다. 상처를 데지 않을 정도의 뜨거운 물에 담그는 것도 도움이 된다. 상처를 뜨거운 물에 될 수 있는 한 오래 담그고, 그동안 빨리 의학적 치료를 받을 수 있는 방법을 찾아야 한다.

침의 일부가 상처 안에서 부러져서 2차 감염과 훨씬 심한 불쾌감을 일으킬 수 있으므로, 상처를 철저하게 씻어내는 것이 특히 중요하다. 정작 가오리는 침을 쏴도 크게 영향을 받지 않는다. 침이 부러져도 몇 주 후에는 다시 자라기 때문이다. 부러진 침이 우리 몸속에 있다면 별로 위안이 되지 않을 정보다.

> 모토로 담수가오리는
> 몇 시간, 며칠,
> 필요하면 몇 주 동안도
> 기다릴 수 있다.

숨어서 기다리는 가오리

모토로 담수가오리가 그냥 가만히 있다가 부주의하게 지나가던 인간과 다른 동물에게 상처를 입히는 것은 아니다. 그들은 잠복에 능한 포식자다. 이들은 얕은 곳에서 부드러운 진흙, 돌이 많은 강바닥이나 호수 바닥을 발견하여, 날개처럼 생긴 놀라운 지느러미를 흔들며 바닥에서 흙과 자갈, 퇴적물을 파내어 등 뒤로 던진다. 이 가오리종의 화려하고 얼룩덜룩한 갈색 패턴은 그림을 그린다면 색칠하는 재미도 있지만, 사실 자연에서 볼 수 있는 뛰어난 위장술 중 하나다. 우리는 지금 바로 앞에 이 가오리가 있어도 거의 알아보지 못한다. 유일하게 그 존재를 드러내줄 수 있는 것은 돌출한 튜브처럼 생긴 아가미(눈 바로 뒤에 있는 기관으로, 물고기가 숨을 쉴 때 팽창했다가 수축하면서 이 물고기의 소재를 살짝 드러내준다)다. 일단 자리를 잡고 바닥에 파묻히면, 몇 시간, 며칠, 필요하면 몇 주 동안도 기다릴 수 있다. 기다리는 동안 가끔 움직이는지는 알 수 없지만 똑같은 장소에서 몇 번이고 똑같은 모습으로 발견된다. 그러다가 적절한 크기의 먹잇감이 지나가면, 숨어 있던 장소에서 갑자기 나와서 운 없는 먹잇감을 잡아챈다. 즉 이 물고기를 처음으로 밟은 운 없는 존재가 희생양이 된다. 사람이든 물고

가오리의
아래쪽은
위쪽처럼
외형이
화려하지 않다.

기든 처음 밟은 존재는 상처를 입게 된다!

　담수가오리는 약간 이형 물고기로, 최초로 등장한 시기는 남아메리카 대부
분이 바닷속에 잠겨있던 에오세(약 오천만 년 전, 원시 코뿔소가 진화하고 히말라야 산
맥이 막 융기하던 때)로 거슬러 올라간다. 바닷물이 빠지면서 많은 종의 해양 생물
이 육지에 남게 되었다. 물론 바다가 완전히 퇴각하기까지 시간이 오래 걸렸기
때문에 일부 종은 새로운 담수 환경에 적응할 수 있었다(강돌고래[아마존강돌고래,
분홍돌고래]와 매너티 또한 오랜 기간의 동일한 과정을 거쳤다).

　최근 연구 결과에 따르면 이 가오리의 아름답고 다채로운 특징은 가오리가
자라는 동안 독성에 따라 변화한다고 한다. 어린 가오리의 침에는 찔려도 거의
아프지 않지만, 성숙한 가오리에게서 상처를 입으면 그 부위가 괴사(세포나 조
직이 실제로 죽는 것)할 수 있다. 부상을 줄이려면 이렇게 위험한 생물의 행동 방
식을 보다 잘 알아두어야 한다. 하지만 그들이 품고 있는 독이 작용하는 과정
역시 흥미롭다. 코브라의 독을 오래전부터 고혈압 치료에 사용해 왔던 것처럼,
이 점을 좋게 바꿀 수도 있다. 그리고 이 가오리를 공포의 대상이 아니라 알아
야 할 대상으로 본다면, 상해를 당하는 것보다 더 많은 생명을 구할 수 있을 것
이다.

06

흰배환도상어

{*Alopias vulpinus*}

일반명
바다여우상어,
회전꼬리상어, 환도상어

몸길이
최대 6m

서식지
온대 바다

눈에 띄는 특징
몸체만큼 긴 꼬리

개성
외로운 나그네

좋아하는 것
물고기 떼

특별한 기술
물위로 바로
뛰어오를 수 있음

보존 상태
멸종 위기

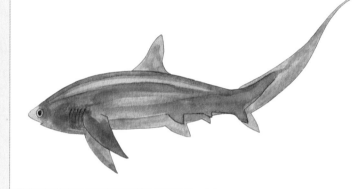

환도상어는 내가 어릴 때 항상 좋아했던 상어다. 인상적으로 생긴 황소상어는 강으로 헤엄쳐 갈 수 있었고, 뱀상어는 힘이 세고 거북이 껍질도 이빨로 깨부술 수 있었다. 그리고 영화 〈조스〉를 통해 본 백상아리는 깜짝 놀랄 정도로 컸고 믿기 어려울 정도였다. 하지만 내 마음을 사로잡은 것은 거대하고 이질적인 꼬리를 지닌 신비롭고 기괴한 모습의 환도상어였다.

환도상어의 몸길이는 무려 6m까지 측정된다. 거대해 보일 수 있지만, 자세히 보면 상어 꼬리가 전체 몸길이의 절반 정도나 된다. 따라서 흰배환도상어의 꼬리는 거의 몸체만큼이나 긴데, 그것이 어떤 기능을 수행하는지는 아직 밝혀지지 않았다. 역사적으로 전문가들은 꼬리가 먹이를 잡는 데 사용될 것이라는 가설을 세웠지만 아무도 실제로 그 모습을 본 적은 없다. 왜냐하면 야생에서 이 상어를 찾고 관찰하기가 어렵기 때문이다. 고대 선원들은 환도상어와 황새치가 힘을 합쳐 고래를 잡는다는 믿기 어려운 이야기를 했다. 환도상어가 고래 앞에서 긴 꼬리로 물을 휘저어 고래를 어지럽히는 동안 황새치가 긴 코로 고래를 찔러 죽인 다음에 그 큰 고래를 둘이 실컷 먹는다는 이야기다. 그러나 이 이야기의 문제점은 관찰된 바가 없고 전체적으로 실현 불가능할 뿐만 아니라 정황적으로 생물학적인 증거조차 없다는 것이다. 환도상어의 이빨이 고래를 잘 물 수 있는 구조가 아니라는 것은 말할 필요도 없다.

꼬리를 채찍처럼

그러나 2013년에 한 연구팀은 필리핀 앞바다(많은 환도상어가 좋아하는 곳)에서 환도상어의 가늘고 긴 꼬리가 움직이고 있는 장면을 목격했다. 정말로 이 꼬리는 사냥에 사용되었고, 거기에는 두 가지 공격 전략이 있음이 드러났다. 우선 이 상어의 앞에 '공' 모양의 물고기 떼가 있었다. 정어리나 안초비, 다른 미끼 물고기 등 보통 대형 무리를 만들기 좋아하는 작은 물고기 무리로, 포식자의 위협을 받으면 공 모양으로 무리를 만든다. 이렇게 구형을 이루면 포식자의 접근과 공격에 노출되는 물고기가 적어지기 때문이다. 이 무리를 향한 환도상어의 첫 번째 공격 계획은 정면 공격이다. 상어는 물고기 떼를 향해 초고속으로 헤엄쳐 간 뒤, 마지막 순간에 커다란 가슴지느러미로 브레이크를 걸고 급하게 멈춘다. 동시에 머리를 아래로 낮추면서, 꼬리를 마치 거대한 말채찍처럼 획 휘둘러서 물고기 떼를 세차게 내리친다. 두 번째 공격 계획은 마지막 순간에 몸을 돌리

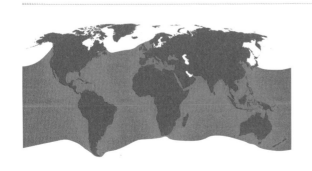

흰배환도상어의
꼬리는 거의
몸체만큼이나 길다.

는 부분을 약간 변형하여 꼬리로 정면 대신 측면을 강타하는 것이다. 두 기술 모두 효과적인 것 같다.

이렇게 상어 꼬리로 강력하게 내리치면 먹잇감인 많은 물고기가 기절하거나 죽어서 상어가 천천히 먹이를 즐길 수 있다는 효과가 있다. 이렇게 강타하는 방식의 좋은 점은 진부한 방식으로 여러 번 사냥할 때보다 한 번의 사냥으로 더 많은 물고기를 먹을 수 있다는 점이다. 환도상어가 아주 빠르게 '철썩' 후려치면 바닷물에 있던 이산화탄소가 빠른 확산을 통해 물 밖으로 배출된다. 이 때문에 생긴 물거품 역시 먹잇감들을 당황하게 만든다.

'환도상어(thresher)'라는 단어는 예로부터 밀 이삭을 줄기에서 분리하기 위해 밀을 탕탕 치던 도리깨질 과정에서 유래한다. 산업화되기 전에는 도리깨를 손으로 잡고 곡식을 두드려서 도리깨질을 했는데, 환도상어의 긴 꼬리가 도리깨와 비슷했다. 도리깨는 무기로도 이용되었고 현대의 〈쿵후〉 영화에 등장하여 우리에게 친숙하고 동양 무술에서 사용되었던 쌍절곤의 기원이 되기도 한다.

> 상어 꼬리로 강력하게 내리치면 많은 물고기가 기절하거나 죽을 수 있다.

교활한 환도상어

놀랍게도 환도상어를 처음 과학적으로 설명했을 때는 이 남다른 꼬리가 별로 눈에 띄지 않았다. 원래 이 이상한 상어의 공식 이름은 'Squalus vulpines'이었다. 이 학명은 18세기에 보나테르(Bonnaterre)라는 프랑스인이 붙인 것으로, 대충 번역하면 '여우 같은 상어'다. 그래서 그 후로 오랫동안 '여우상어(fox shark)'라는 이름으로 통용되었다. 이렇게 애매한 이름이 붙은 것은 사냥 습관으로 볼 때 아마 이 상어가 교활하고 영리할 것이라는 추측에서 비롯되었다. 이 속성을 전통적인 야생 여우의 특징과 같은 수준으로 생각한 것이다.

라틴어 이름은 변경되는 경우가 있다(느리기는 하지만 말이다). 환도상어 역시 결국 자기 이름이 들어간 환도상엇과(Alopiidae: 이 역시 '여우'의 고대 그리스어에서 파생되었다. 여우에 대한 생각을 한동안 떨칠 수 없었던 것 같다)로 바뀌었다. 현재 환도상엇과에는 흰배환도상어, 큰눈환도상어(*Alopias superciliosus*), 최근 1935년에 추가된 원양환도상어(*Alopias pelagicus*) 이렇게 세 종류가 있다. 이들은 색깔과

개성 넘치는
꼬리 덕분에
환도상어를
못 알아보는
일은 없다.

습관에 약간 차이가 있지만, 모두 꼬리가 몸체만큼 길다는 특징을 갖고 있다.

환도상어를 보기 위해 반드시 물속으로 들어갈 필요는 없다. 환도상어는 몸 전체를 물 밖으로 내보일 수 있는 몇 안 되는 상어 중 하나이기 때문이다. 채찍처럼 생긴 꼬리는 작은 물고기를 죽음으로 몰고 가는 데 사용될 뿐만 아니라 필요할 때 엄청난 속도로 전진할 수 있게 한다.

펭귄이나 바다표범, 돌고래, 고래 같은 동물들, 특히 백상아리에 의해 유명해진 이 놀라운 행동을 '브리칭(수면 위로 솟아오르는 행동—역주)'이라고 한다. 이 행동을 할 때 환도상어는 최고 시속 65km의 속도를 내며 근처 3m까지 해수면에 아무도 접근하지 못한다. 이 행동은 상어가 사냥을 할 때 또는 가죽에 있는 기생충을 없애려 할 때 나온다고 한다. 만약 내가 환도상어라면 그 행동에 이유가 필요 없을 것이다. 할 수 있으니까 그냥 하고 싶을 때마다 하겠다.

07

전기뱀장어

{Electrophorus electricus}

일반명
나이프피시(knifefish)

몸길이
최대 2.5m

서식지
진흙으로 된 늪 바닥

눈에 띄는 특징
비늘 없음,
전기 기관 3개

개성
감전시키기

좋아하는 것
심야 사냥

특별한 기술
최고 850볼트의
전기 생성

보존 상태
관심 대상

먼저 확실한 것부터 짚어보자. 그 이름과 상관없이 전기 뱀장어는 뱀장어가 아니라 일종의 '나이프피시'이며, 이 분류군의 다른 종들과 마찬가지로 남아메리카에서만 발견된다. 전기뱀장어가 나이프피시로 개정 분류된 것은 비교적 최근의 일이었지만, 때로는 첫인상이 중요하다. 이명법 창시자인 스웨덴의 칼 린네(Carl Linnaeus)처럼, 1766년에 한 분류학자는 처음에 전기뱀장어를 줄무늬 나이프피시(*Gymnotus carapo*)와 같은 속에 분류했다. 그래서 진화론에 따른 제자리로 돌아가는 데 오랜 시간이 걸렸다.

그런데 이 흥미로운 종에 관하여 다른 변화가 진행되었다. 현재는 전기뱀장어가 한 종류가 아닌 세 종류인 것으로 알려져 있는데, 모두 그 유명한 전기 충격을 가할 수 있지만 생산하는 전하량은 서로 다르다.

볼타전기뱀장어는
최대 850볼트라는
어마어마한 양의
전기를 방출한다.

찌릿한 느낌부터 전기 충격까지

가장 일반적인 어종은 원래 린네가 설명한 종, 전기뱀장어(*Electrophorus electricus*)였다. 이 종은 최고 600볼트의 전하를 생성할 수 있다. 가장 온순한 종인 *Electrophorus varri*는 최대 150볼트(약하게 찌릿한 느낌)를 생성하는 반면, 가장 충격이 센 종인 볼타전기뱀장어(*Electrophorus voltai*)는 최대 850볼트라는 어마어마한 양을 출력한다.

세 종류 모두 크기가 크고 시각적으로 비슷한 모습이다. 길이는 최대 2.5m까지 자랄 수 있고 두께는 산악자전거 타이어만큼 두툼할 수 있다. 이 전기뱀장어들은 남아메리카의 파나마에서 아마조니아(남아메리카 아마존강 유역—역주)를 거쳐 대서양으로 흐르는 강들과 남쪽으로는 멀리 아르헨티나에 있는 강들에서만 서식한다. 이들은 지구상 생물 중에서 가장 높은 전하를 생산한다. 앞에서 보았듯이 한번에 얼마나 많이 생성하는지는 종마다, 또 개별적으로 다르며, 뱀장어가 무엇을 하려는지 그 목적에 따라서도 달라진다.

방전되는 전류량은 전기뱀장어가 하려는 일에 따라 달라진다. '뱀장어'가 그저 그날 숨어 있을 구멍을 찾는 중이라면, 낮은 전하를 생산하여 수중 음파 탐지기처럼 전기를 내보내서 뿌연 물을 헤엄쳐 나간다. 박쥐가 어둠 속에서 '보기' 위해 소리를 이용하는 것과 비슷한 원리다. 하지만 거대한 수달이 전기뱀장어를 잡으려고 할 때는, 한 번의 어마어마한 펄스로 전출력 펄스를 극적으로 가할 수 있다. 생물학자들이 별도의 종들을 확인하는 데 오랜 시간이 걸렸는데, 그 원인 중 하나가 때에 따라 방전량이 다르기 때문이었다. 따라서 앞으로 밝혀야 할 발견이 더 있는지 궁금해진다.

훔볼트와 말들

아마존 원주민들은 약 4만 년 동안 전기뱀장어와 함께 생활해 왔으며, 이들을 우연히 만난 초기 서구인 중에는 프로이센의 탐험가 알렉산더 폰 훔볼트(Alexander von Humboldt)가 있었다. 1800년 3월, 인근 호수에 전기뱀장어가 많다는 이야기를 들은 훔볼트는 현지인들에게 그 물고기를 좀 잡아다 달라고 요청했다. 현지인들에게 전기뱀장어는 피하고 싶은 대상이었기 때문에 이 요청이 이상하게 여겨졌을지도 모른다. 그렇긴 하지만 여행 경험이 많은 훔볼트도 현지인들이 전기뱀장어를 낚시하는 방식에 약간 놀랐다.

그물과 막대, 갈고리를 이용하는 것이 아니라 야생 말들을 커다란 진흙 호수로 몰았기 때문이다.

그때 놀라운 일이 일어났다. 몇 초 만에 몸부림치는 물체들로 물이 끓고 있는 것처럼 보였다. 훔볼트는 뱀장어 몇 마리가 물 밖으로 튀어 올랐다가 바로 말들의 복부에 부딪히며 전기 충격을 주는 것을 보았다. 공격한 전기뱀장어는 몇 분 후에 혼돈 상태인 물속으로 다시 떨어졌다. 사람들은 그때서야 물에 들어가서 기운은 빠졌지만 아직 살아 있는 전기뱀장어를 모았다. 말들은 두 마리를 제외하고는 살아남은 것처럼 보였다. 훔볼트가 보기에 죽은 두 마리는 전기 충격 때문이 아니라 놀라서 우르르 도망치다가 물에 빠져 죽은 것이었다.

> 전기뱀장어는 지구상의 생물 중에서 가장 높은 전하를 생산한다.

훔볼트의 놀라운 이야기는 사람들 사이로 퍼져나가 유명해졌다. 하지만 그 이후 전기뱀장어가 이런 식으로 공격하는 것을 본 사람은 아무도 없었기에 이 이야기는 생물학계의 전설로 남았다. 다음의 일이 일어나기 전까지는 그랬다. 2019년 미국 테네시주에 있는 밴더빌트 대학교의 학생인 케네스 카타니아(Kenneth Catana)는 실험실에서 수족관에 있는 전기뱀장어들 사이에서 특이한 행동을 촬영했다. 그는 살아 있는 말 대신 가짜 악어 머리를 수족관에 들이밀었고, 실험 결과는 만족스러웠다.

전기뱀장어는 침입자를 적극적으로 공격했다. 훔볼트의 목격담과 똑같은 방식이었다. 전기뱀장어들은 가짜 악어 머리에 바로 올라갔고 이어서 설치된 LED 전구에 불이 들어왔다. 이 실험으로 훔볼트의 이야기가 사실이었으며 전기뱀장어를 화나게 하는 행동은 어리석은 짓임이 입증되었다.

THE SECRET LIFE OF FISH
물고기의 모든 것

더그 맥케이-호프 지음 | 조진경 옮김 | 정가 27,800원

망치 상어
29 큰귀상어

다산의 여왕

수족관 인기스타
47 금붕어

코끼리 코처럼 긴 코를 가진 물고기
24 코끼리주둥이고기

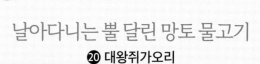

날아다니는 뿔 달린 망토 물고기
20 대왕쥐가오리

먹보 물고기
04 노던 파이크

멸종된 물고기?
40 서인도양실러캔스

숨바꼭질 선수
35 해룡

추위가 좋아
28 모오케

은둔 물고기
01 흰점꺼끌복

치밀한 물고기 떼
48 정어리

이름이 여러 개
49 유럽뱀장어

식당 메뉴 단골 물고기
50 청틸라피아

날쌘돌이 물고기
02 청새치

잠복하는 포식자
26 앨리게이터가아

시끄럼의무늬

성균관대학교
출　판　부

내부발전기

그렇다면 전기뱀장어는 어떻게 엄청난 전하를 만들어 내는 것일까? 사실 모든 동식물은 전기를 발생시킨다. 사람의 근육과 신경은 모두 전기 펄스에 의해 움직인다. 그러나 전기뱀장어는 집중적으로 전하를 생성시키는 전담 기관이 세 개나 있다. 등(위쪽)에 있는 '주기관'은 머리 바로 뒤에서 시작하여 몸통의 절반까지 이어진다. '사냥 기관'은 복부 쪽 아래에, '삭스 기관'은 뒤쪽 끝에 있다.

세 기관 모두 디스크처럼 생긴 전기 생산 세포로 구성되어 있는데, 손전등에 들어간 배터리처럼 차곡차곡 쌓여 있다. 뇌가 전기 생산 기관의 세포들에 있는 '명령 핵'에 공격 명령을 내리면, 동시에 모두 전기를 방출한다. 하나의 세포가 칼륨 이온을 이용하여 전위차를 바꾸면서, 몇 밀리초 사이에 엄청난 전기 펄스를 생성하는 연쇄 반응이 시작된다.

이 전하는 접지 매체인 물의 작용에 의해 확대된다. 전기뱀장어가 전기 충격을 어떻게 피하는지에 대해서는 아직 알려져 있지 않지만, 인접한 더 작은 대상(더 큰 물체나 동물의 경우에는 그 일부)에 전기를 정확히 조준하는 것과 관련이 있을지도 모른다.

전기뱀장어의 사냥을 목격한 어부의 이야기는 흥미로웠다. 어느 날 저녁, 어부는 강가의 얕은 곳에서 이리저리 먹이를 찾는 전기뱀장어 한 마리를 보고 있었는데, 잠자던 물고기 떼가 갑자기 모두 물 밖으로 튀어 올라왔다가 떨어지더니 움직임 없이 수면에 둥둥 떴다. 마치 엄청난 전기 충격을 받은 듯했다. 그 뒤 전기뱀장어가 천천히 와서 두 마리를 먹은 후 계속 헤엄쳐 갔다. 전기뱀장어가 가고 불과 몇 초 후에, 기절했던 나머지 물고기들은 몸을 부르르 떨면서 깨어나 헤엄쳐 갔다. 겉으로 보기에 아무래도 입지 않은 것 같았다. 이는 무서운 힘을 갖고 있는 물고기도 필요한 만큼만 사냥을 한다는 것을 보여준다.

전기뱀장어는 피부에 있는 구멍을 통해 아주 약한 전기도 탐지할 수 있다.

—— *Chapter 2* ——

초미니 물고기

물고기 세계에서 가장 크고 무서운 어종에 큰 관심을 가질 수 있지만, 절대 '꼬마 물고기들'을 잊지 말자. 이 작은 어종들은 큰 어종들 못지않게 놀랍고 굉장한 생활 방식을 갖고 있다. 이번 장에서는 생명을 구하는 물고기, 빛을 뿜는 물고기, 가장 인기 있는 물고기 그리고 가장 악명 높은 물고기들을 소개하려고 한다.

08 바기반트 피그미 해마

{Hippocampus bargibanti}

일반명

바기반트 해마,
피그미 해마

몸길이

2cm 미만

서식지

부채꼴 산호

눈에 띄는 특징

은신처인 산호와
비슷하게 작은 혹으로
뒤덮여 있음

개성

단혼, 수컷이
새끼를 낳음

좋아하는 것

먹이 찌꺼기

특별한 기술

탐지 피하기

보존 상태

자료 부족

'피그미'는 많은 동물에서 특히 작은 형태를 설명할 때 사용되는 단어지만, 이것으로 얼마나 작은지를 정확하게 판단하기란 쉽지 않다. 하지만 피그미 해마 8종의 경우, 피그미는 정말 작은 것을 뜻한다. 피그미 해마는 지구상에서 발견되는 가장 작은 척추동물이다. 너무 작아서 아무도 그것을 찾아야 하는지조차 알지 못하다가 아주 우연히 발견되었다.

1969년 어느 날, 조지 바기반트(George Bargibant)는 누벨칼레도니섬에 있는 누메아 박물관에 전시할 표본을 모으고 있었다. 그는 무리셀라속(*Muricella*)의 커다란 부채꼴 산호를 손에 넣었다. 이 산호는 가을과 겨울에 엽육 조직이 모두 썩은 후 볼 수 있는 거대한 잎줄기 조직과 비슷하고 특히 화려한 형태다. 거대하고 독립된 이 산호는 대개 분홍색이나 주황색의 작은 폴립(우리가 산호라고 부르는 군락 생물체를 구성하는 촉수가 있는 개체)으로 덮여 있다. 바기반트는 전시용 무리셀라속 표본을 준비하고 있던 중에 자신의 실험대에서 아주 작은 해마 두 마리를 발견했다. 그것들은 산호에서 떨어져 나온 것처럼 보였다. 그는 그렇게 우연히, 지금까지 알려지지 않은 새로운 종을 발견하게 되었다.

커다란 부채꼴 산호에는 산호를 먹고 사는 바기반트 피그미 해마가 무려 28쌍이나 살 수 있다. 이 산호는 기껏해야 화분용 고무나무 정도의 크기까지밖에 자라지 못하지만, 아주 작은 말 56마리를 위한 정말 작은 마구간이자 방목장인 셈이다.

축소된 조랑말

지금 설명한 피그미 해마의 다른 8종 중에서 아프리카 피그미 해마(*Hippocampus nalu*)는 가장 최근에 남아프리카공화국에서 발견되었다. 그리고 2020년 5월에 공식 명칭을 받아 발표되었다. 이 어종은 기껏해야 27mm(엄지발톱 정도)의 크기지만 상대적으로 큰 종에 속한다. 2018년에 명명된 일본 피그미 해마(*Hippocampus japapigu*)는 그 크기가 16mm에 불과한 작은 종이다. 와레아 연산호 피그미 해마(*Hippocampus waleananus*)는 인도네시아 술라웨시섬 앞바다에만 서식하며, 서식지인 산호의 두꺼운 줄기 주위에 몸을 고정시키기 위한 긴 꼬리가 없다면 아마 가장 작은 종일 것이다. 2003년 월리시아섬(보르네오에서 뉴

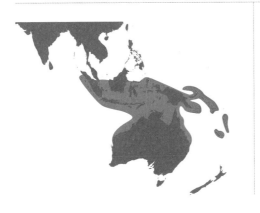

컴퓨터 키보드의 키 하나에 이 작은 물고기 두 마리가 편안히 앉을 수 있다.

기니까지의 섬)에서 보고된 데니스 피그미 해마(*Hippocampus denise*)는 수심 90m 까지 얕은 곳에 서식하는 여러 종류의 산호(무리셀라속 포함)에 의지하여 생활하는데, 24mm까지 자라기 때문에 같은 과 중에서는 큰 어종이다.

보르네오섬과 인도네시아 주변에 분포하는 사토미 피그미 해마(*Hippocampus satomiae*)는 크기가 14mm에 불과하며 아마 세계에서 가장 작은 물고기일 것이다. 컴퓨터 키보드의 키 하나에 두 마리가 편안하게 앉을 수 있을 정도로 작다. 모든 것의 미니어처를 제작하는 데 열광적인 세계에서, 자연은 다시 한 번 우리를 깜짝 놀라게 한다.

모든 해마의 생애 주기는 놀랍고 색다르다. 해마는 사실상 실고깃과에 속한 어종이다. 실고기는 뱀처럼 생긴 물고기로, 전 세계 대부분의 온대와 열대 바다에 서식하고 방호 기관이 있는 긴 몸에 파이프 모양의 입을 갖고 있다. 해마는 물체를 잡을 수 있는 꼬리를 갖고 있어서 수중 해류에 휩쓸려가지 않도록 식물과 산호를 꽉 잡을 수 있다. 헤엄치는 동물로서 생기는 자신의 약점을 이렇게 보완하는 것이다. 그리고 해마는 자기 집인 산호 가지와 줄기 사이사이를 돌아다니며 작은 먹이 찌꺼기들을 해치우면서 청소하기 때문에 먹이를 찾으러 다른 곳에 가지 않아도 된다. 이것이 바로 공생 관계다(해마에게 이로우면서도 산호에게 해가 없다).

해마는 일부일처를 이루며 쌍을 이룬 암컷과 수컷은 부채꼴 산호나 해초의 작은 구역에서 함께 산다. 우리가 해마를 찾기 힘든 것만큼 암컷과 수컷 역시 서로를 찾기 힘들 것이다. 이 정도로 작은 해마에게는 늘 공간이 넉넉하기 때문에 참 잘 어울리는 조합이다.

피그미 해마를 가까이에서 보면 훨씬 쉽게 발견할 수 있다.

출산하는 수컷

물고기들 중에 해마가 독특하게 진화했다는 것은 잘 알려진 사실이다. 바로 수컷이 새끼를 낳는다는 점이다. 수컷은 아래쪽에 특별히 적응된 알주머니를 갖고 있기 때문에 새끼를 밸 수 있다. 수컷은 이 알주머니에 정자를 보관하므로 임신을 하기 위해서는 암컷이 수컷의 열린 알주머니를 잘 조준해서 난자를 떨어뜨리기만 하면 된다. 그렇게 알주머니에서 수정이 이루어지고 임신이 시작된다.

> 수컷 해마는 이 알주머니에 정자를 보관하므로 임신을 하기 위해서는 암컷이 수컷의 열린 알주머니를 잘 조준하여 난자를 떨어뜨리기만 하면 된다. 그렇게 알주머니에서 수정이 이루어지고 임신이 시작된다.

알주머니는 발육하는 새끼를 잘 받아들이기 위해 시간이 지남에 따라 늘어나고 커진다. 종에 따라 10~25일 후에는 수컷이 작은 근육들로 알주머니를 압착하여 완벽한 꼬마 해마를 부드럽게 바다로 내놓는다. 하나의 알주머니에서 2천 마리의 새끼 해마가 부화할 수 있다. 어린 해마는 일찍 철이 들어 모두 거대하고 험악한 세상에서 스스로를 돌볼 준비가 되어 있다. 이렇게 작은 해마에게는 모든 것이 큰 법이다.

해마는 단순히 모든 것이 작게 진화한 것이 아니라 위장의 대가로 진화했다. 바기반트 피그미 해마는 자신의 서식지인 분홍색 산호 폴립을 모방하는 형태로 진화했다. 또 노란색 부채꼴 산호 종에 맞춘 특유의 노란색 피그미 해마도 있다.

해마는 주변 환경 속으로 숨기 위해 유리한 점을 많이 희생했기 때문에 효과적인 위장이 중요하다. 그들은 헤엄을 빨리 치지 못하고 독성도 없으며 위험하지도 않다. 그들은 그냥 거의 보이지 않게 배경 속으로 사라지고 외진 곳과 산호의 틈에 자기 몸을 감춘다. 이 독특한 분류군에는 아직 발견되지 않았지만 더 놀라운 종들이 있을 가능성이 아주 높다. 다음 종을 발견하는 사람은 아마도 관찰력이 뛰어난 생물학자나 다이버들일 것이다.

09

흡혈메기

{*Vandellia sanguinea*}

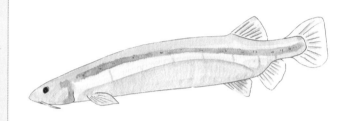

일반명

카네로(cañero),
이쑤시개 물고기,
뱀파이어 물고기

몸길이

최대 18cm

서식지

외딴 하천

눈에 띄는 특징

거의 투명, 먹이 섭취
후 분홍색으로 변함

개성

흡혈

좋아하는 것

피

특별한 기술

먹잇감 꽉 잡기

보존 상태

자료 부족

이 책에 소개된 물고기들 중에서 직접 찾으러 나서면 안 된다고 강력하게 말릴 물고기가 있다면, 바로 흡혈메기(또는 카네로, 이쑤시개 물고기)다. 뱀파이어 물고기라고도 불리는데, 이름부터 무섭지 않은가? 괜찮다는 사람도 혹시나 강에서 소변을 볼 경우 이 물고기가 요도를 통해 음경이나 질로 헤엄쳐 들어갈 수 있다는 악명 높은 이야기를 들으면 겁을 먹게 될 것이다.

그나마 좋은 소식은 이 어종이 남아메리카의 외지고 접근이 어려운 하천, 특히 오리노코강과 아마존강 유역에서만 발견된다는 사실이다. 위 이야기가 널리 퍼졌지만, 이 물고기가 정말로 헤엄쳐 사람의 생식기에 들어가지는 않는다. 적어도 계획적으로는 아니다. 사람이 갑자기 요의를 느껴서 강가에 올 때까지 숨어서 기다리지 않는다. 나는 흡혈메기가 사는 강에서 수영을 한 적이 있어서 잘 안다. 물론 물에 들어갈 때는 이 물고기를 만날지도 모른다는, 이성적이지 않은 두려운 마음이 들었다. 하지만 금세 두려움을 극복했고, 시원하게 씻고

흡혈메기는
남아메리카의
멀리 떨어져 있고
접근하기 어려운
하천에서만
발견된다.

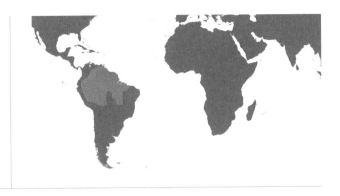

싶다는 욕구가 처음 걱정보다 훨씬 컸다.

미니 괴물을 만나다

흡혈메기는 기생동물이자 뱀파이어인 아주 독특한 생물들로 구성된 소수 엘리트족의 하나다. 기생동물을 정의하면 다른 유기체에게 피해를 주면서 그에 의존하여 살아가는 유기체다. 다시 말해서 기생동물은 숙주의 체력(기생동물이 이용하는 개체의 성공 또는 건강의 의미)에 나쁜 영향을 준다. 이것은 일반적으로 기생동물이 숙주로부터 먹이를 무료로 또는 쉽게 얻고 심지어 자신의 새끼를 숙주가 키우게 함으로써 이루어진다. 우리는 기생충으로 벌레나 진드기를 생각하기 쉬운데, 기생 물고기라고 하면 쉽게 떠오르지 않는다. 특히 그 기생 물고기가 뱀파이어이기도 하다면 더더욱 잘 모른다.

전통적인 뱀파이어는 숙주의 피를 먹는다. 거듭 말하지만 척추동물로서는 아주 이상한 습관 또는 생활방식이다. 그 예로는 두 종의 박쥐가 잘 알려져 있지만, 갈라파고스섬에 사는 뱀파이어핀치('다윈의 핀치'라고도 하며 갈라파고스, 코코섬에만 서식하는 작은 새들의 별칭)도 있다. 이 동물은 찰스 다윈이 귀여워했던 흡혈 조류다. 혈액은 영양분은 있지만 얻기가 아주 어렵다. 대부분의 숙주는 자기 몸속에 있는 것을 치열하게 지키기 때문이다. 또 혈액은 아주 영양가 있는 액체이지만 철분과 단백질에서 자양분을 추출하려면 정밀한 소화계가 필요하다. 오직 피만 먹고 살아남을 수 있는 것, 이것이 바로 흡혈메기가 진화해온 방식이다.

흡혈메기가 혈액을 규칙적이고 안정적으로 공급받으려면 착 달라붙어서 빨아먹을 수 있도록 자기보다 훨씬 몸집이 큰 물고기를 찾아야 한다. 다행히 남아메리카 하천에는 탐바키(tambaqui), 붉은꼬리메기(red-tailed catfish), 피라루쿠(arapaima, 98~101쪽 참조)처럼 커다란 물고기가 많다. 흡혈메기는 적당한 숙주를 찾으면 공격하기 쉬운 약한 부위를 노린다. 그곳은 모든 물고기의 머리 양옆에 있는 아가미다. 아가미의 두툼한 새사(아가미를 구성하는 실 모양의 조직. 새엽이라고도 한다―역주)는 진한 붉은색 패턴으로 배열되어 있으며, 이 붉은색은 새사마다 많은 피가 함유되어 있음을 암시한다. 산소가 풍부한 물이 이 기관으로 밀려오면, 물에 있는 산소가 아가미로 흡수되고, 이 덕분에 물고기는 물속에서 '호흡'할 수 있다.

교활한 드라큘라

대부분의 아가미는 아가미뚜껑이라고 하는 비늘 덮개로 덮여 있다. 아가미는 아주 민감하고 노출의 위험이 있으므로 안전하게 지키고 부상이나 감염의 피해가 없게 하는 것이 필수다. 아가미는 마치 폐가 외부에 있는 것과 같다. 하지만 아가미는 물이 끊임없이 들어왔다 나갈 수 있도록 열려 있어야 한다. 그래서 흡혈메기처럼 작은 기생 물고기의 공격을 받기 쉽다. 뱀파이어 물고기는 자기보다 큰 물고기의 머리 뒤로 몰래 간 뒤 아가미뚜껑 아래의 아가미로 천천히 들어간다.

흡혈메기는 적당한
숙주를 찾으면
공격하기 쉬운 약한 부위,
아가미를 향해 간다.

안으로 들어간 뒤에는 특별한 도구를 이용하는데, 이 도구 때문에 '이쑤시개 메기(toothpick catfish)'라는 별칭도 갖게 되었다. 흡혈메기의 양옆에는 수염처럼 생긴, 아주 작지만 날카로운 미늘 2개가 있다. 이 미늘은 똑바로 서 있는데, 먹잇감의 연한 아가미를 관통하여 갈고랑쇠처럼 먹잇감을 제자리에 고정한다. 이제 미늘 때문에 생긴 아가미의 구멍에서 피가 흘러나오기 시작한다. 흡혈메기는 능동적으로 피를 빨아먹기보다 먹잇감의 순환계에서 자연스럽게 뿜어져 나오는 피를 입으로 받아먹는 방법을 쓴다.

가려운 곳 긁기

불행하게도 아가미를 심하게 다친 경우 숙주는 치명상을 입을 수도 있지만, 이런 경우는 상당히 드물다. 희생자 대부분은 살아남고 상처는 치유된다. 그리고 머리 옆이 약간 가려우면 주위를 좀 더 경계하게 된다. 이전에 흡혈메기에게 당한 적이 많은 특정한 메기의 종은 위험을 아주 잘 의식한다. 주위에서 흡혈메기의 존재를 알아챌 경우, 커다란 가슴지느러미로 사납게 치면서 아가미뚜껑을 꽉 닫을 것이다. 하지만 크기가 크고 느린 물고기들이 많은 강에는 흡혈메기가 마음껏 배를 채울 수 있는 순진한 물고기가 많다.

흡혈메기에게 피를 빨려서 몹시 놀라는 숙주의 모습.

흡혈메기에 대하여 가장 '과장된' 이야기는 이 물고기가 희생자를 향해 곧바로 전진한다는 것이다. 희생자의 소변에서 암모니아를 탐지하여 따라가고, 그 근원에 집중해서 잠재적인 포유류 숙주의 요도를 타고 올라가는 방식이다. 일단 숙주의 체내에 자리를 잡으면 수술을 하지 않고는 빼낼 방법이 없다. 어떤 이들은 이 이야기가 문서로 잘 기록된 여행기라고 한다. 하지만 다른 자료에 따르면, 뒷받침할 증거가 거의 없는 섬뜩한 도시 괴담일 뿐이다. 하지만 어느 쪽이든지 흡혈메기는 이런 행동을 저지를 수 있을 뿐만 아니라 앞으로도 그렇게 할 예정이다. 이는 눈에 띄지 않고 오래 살고 싶어 하는 흡혈메기에게는 분명 아주 매력적인 이야기다.

10

큰가시고기

{Gasterosteus aculeatus}

몸길이
3~4cm

서식지
연안수 또는 담수호

눈에 띄는 특징
등에 있는 3개의 가시

개성
도전적

좋아하는 것
플랑크톤과 식물

특별한 기술
둥지 짓기

보존 상태
관심 대상

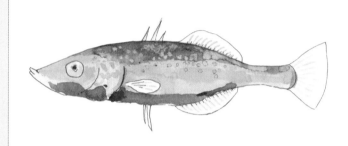

'**큰**가시고기(stickleback)'라니, 이것이 최고의 이름인가? 가시는 3개가 표준이지만 9개가 있는 '디럭스' 버전도 있고, 같은 속에는 10개가 있는 종도 있다. 큰가시고기는 대부분 엄지손가락 크기의 작은 민물고기로, 실고기나 해마와 상당히 가까운 관계다. 위도 30도 이상의 영국과 북아메리카, 유럽 수역에서 흔히 볼 수 있으며 생활방식이 아주 흥미롭다. 물고기로는 유일하게 노벨상 수상에 도움이 되었다고 말할 수 있다.

큰가시고기는 원래 바닷물고기였지만, 약 2만 년 전 마지막 빙하기에 육지에 갇히게 되어 민물고기로 바뀌었다. 잔존 생물 몇 종이 지금도 얕은 바다에 살고 있지만, 현재 대부분의 큰가시고기 종들은 민물에 서식한다. 비교적 흔하게 볼 수 있고 널리 알려져 있지만, 이 물고기가 얼마나 치열하게 살아야 하는지 아는 사람은 거의 없다.

적응력이 뛰어난 물고기

큰가시고기가 적응을 잘하는 작은 동물이라는 것은 분명한 사실이다. 이는 1982년에 북아메리카 알래스카의 한 호수에서 있었던 생물들의 떼죽음으로 입증되었다. 당시 알래스카의 로버그 호수를 영리 목적으로 송어와 연어를 기르기 적합한 환경으로 만들겠다는 어리석은 시도가 있었다. 그 결과 호수에는 눈부신 불꽃과 함께 화학물질인 로테논이 방출되었다. 그로 인해 호수에 서식하던 물고기 개체군이 하룻밤 사이에 거의 멸종되다시피 했다. 여기에는 당연히 건강한 민물 큰가시고기도 포함되었다. 하지만 앞서 말했듯이 큰가시고기는 적응력이 좋아서 12년 후 다시 돌아왔다. 어떻게 돌아왔을까? 그것은 일부 큰가시고기의 소하성(조상들처럼 바다에서 담수로 이동하는 성질) 덕분이었다. 그리고 현재 이 호수가 다시 한 번 깨끗하고 다양한 어종이 서식할 수 있는 담수로 자리 잡게 만든 것도 다 큰가시고기 덕분이었다. 이 귀환을 알려주는 표시는 큰가시고기에게 있는 바닷물고기 형태의 측면에 있는 특별 뼈판이었다. 여기에서 이들이 어디에서 왔는지 정확하게 알 수 있다.

큰가시고기는 민물과 바닷물 모두에서 살 수 있지만, 먹이를 구하기 위해 그리고 생애 주기를 완료하기 위해 특정 종류의 식물이 필요하다. 큰가시고기는 흔치 않게 둥지를 짓는 물고기이고 번식에 필수인 이 구조물을 짓기 위해 적절한 재료가 필요하다. 수컷은 사실상 이 물고기 구조물을 짓는 건축업자이고, 이들이 지은 둥지는 정교하고 세심하게 만든 건축물이다. 우선 첫째로 바다나 호수의 바닥에서 침적토를 파내어 작은 구덩이나 구렁을 만든다. 다음 일은 벽 재료를 모으는 것인데, 주로 작은 식물이나 조류 조각이다. 수컷은 안팎을 쏜살

큰가시고기는 둥지를 짓는 물고기이다.

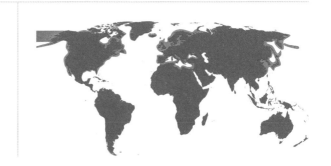

같이 들락날락하면서 수초와 늘어진 식물을 모아 방금 만든 구렁으로 가져온다. 그러고는 모아온 재료들을 '스피진(spiggin)'이라는 독특한 물질로 접착시킨다. 이 스피진은 큰가시고기의 신장에서만 만들어지는 당단백질 접착제로 식물들을 서로 붙여서 일종의 은둔처를 만든다. 그다음에 은신처를 몇 차례 돌진해서 굴을 만드는데, 나중에 암컷이 여기에 알을 낳게 된다.

일단 완성되면 그 굴은 각 큰가시고기 세계의 중심이 된다. 이제 남은 일은 암컷을 이곳으로 유인하여 짝짓기를 하는 것이다. 수컷은 기괴한 지그재그 춤을 추면서 암컷에게 접근한 뒤, 머리를 둥지에 쑥 집어넣는다. 마치 암컷에게 바로 이곳에 알을 낳아야 한다는 것을 알려주는 듯하다. 암컷이 이 강한 암시를 받아들이면 바로 그대로 한다. 은신처의 식물 줄기에 끈적끈적한 알을 낳고, 수컷이 그것을 수정시킨다. 그리고 수컷은 신사답지 않은 방식으로 암컷을 쫓아버린다. 새끼 키우기는 수컷 혼자 해야 하는 일이다.

암컷이 보는 것, 빨간색

암컷은 새끼 돌보는 일을 얼간이나 바보에게 맡길 위험을 감수하지 않기 때문에 수컷의 둥지에 그냥 알을 낳지는 않을 것이다. 수컷의 자질을 판단할 수 있는 방법은 시각적인 방법뿐이며 이는 수컷 복부의 빨간색이 얼마나 짙은지를 관찰하는 것이다. 번식할 준비가 된 수컷은 색깔이 극적으로 바뀐다. 눈은 번뜩이는 파란색으로, 목과 복부는 아주 밝은 빨간색으로 변한다. 빨간색이 진할수록 더 강하고 튼튼한 수컷이므로 암컷은 근처에서 가장 밝은 빨간색의 수컷에게 끌린다.

수컷 역시 빨간색에 자극을 받지만 그 방식은 아주 다르다. 수컷의 관점에서 이 빨간색은 황소 앞의 붉은 헝겊과도 같다(사실 황소는 청록 색맹이며 빨간색을 전혀 인식하지 못한다). 큰가시고기 수컷은 이 시각적 자극에 즉시 반응하고 계속 공격한다. 어느 정도냐 하면 창턱에 올려놓은 어항 속의 큰가시고기 한 마리가 매일 아침 바깥에 세워진 빨간색 우편배달차를 보고 자극을 받아 굴을 만들기 위해 자기 둥지로 돌진하는 것이 관찰되었을 정도다. 우연히도 이것을 관찰한 집주인은

> 번식할 준비가 된 수컷의 복부는 색깔이 아주 밝은 빨간색으로 바뀐다.

대부분의 큰가시고기는 가시가 3개지만, 2개나 4개인 경우도 있다.

생물학자인 니코 틴베르헌(Niko Tinbergen, 1907~88)이었다. 동물행동학의 아버지라고 불리는 틴베르헌은 콘라트 로렌츠(Konrad Lorenz)와 함께 여러 동물들 중에서 특히 큰가시고기를 연구하여 노벨 생리의학상을 수상했다.

큰가시고기의 본능을 자극하는 화려한 빨간색은 먹이에서 흡수된 색소 때문에 만들어진다. 적어도 표면상으로 분명한 것은 빨간색이 진한 수컷일수록 먹이를 잘 먹을 가능성이 높다는 것이고, 이는 아버지로서의 우월함을 암시한다. 반대로 아프고 병든 수컷은 빨간색이 흐릿한데, 이는 새끼를 먹여 살릴 수 없음을 나타낸다.

틴베르헌은 복부가 빨개진 큰가시고기 수컷 앞에 거울을 놓고서 또 다른 발견을 했다. 성난 수컷은 거울에 비친 자기 모습을 경쟁 상대로 생각하고 맞섰지만, 자신과 똑같은 '경쟁 상대'의 움직임과 색깔 때문에 혼란을 겪고 방황하다가 결국 자기 둥지를 다시 정리하거나 무언가를 먹었다. 틴베르헌을 이를 '전위 행동'이라고 했다. 물고기가 불가능한 딜레마에 직면하면, 흥미를 잃고 좀 더 사소한 것, 아마 우리 모두가 가끔씩 동질감을 느낄 수 있는 것으로 관심을 돌리는 행동을 취한다는 것이다.

반점 샛비늘치

{Myctophum punctatum}

일반명
반점 등불 물고기
(spotted lantern fish)

몸길이
최대 11cm

서식지
수심 1,000m까지

눈에 띄는 특징
큰 눈, 야광성

개성
순진함

좋아하는 것
동물성 플랑크톤

특별한 기술
빛 과시

보존 상태
관심 대상

미니언즈를 닮은 것 같기도 한 작은 샛비늘치는 아마 그 수가 지구상에서 가장 많은 척추동물일 것이다. 하지만 이 물고기에 대해 자세히 들어본 사람은 거의 없다. 그 이유는 대부분이 가장 견고하고 튼튼한 잠수함으로만 도달할 수 있는 바다 깊은 곳(수심 약 1,220m)에 살고 있기 때문이다. 그렇다면 이 물고기들이 그렇게 많다는 것을 어떻게 알 수 있을까?

레이더에 잡히다

어류학자들이 수중 음파 탐지기로 바다의 깊이를 확인하려고 했을 때, 샛비늘치가 심해에 두루 분포한다는 첫 번째 단서가 나왔다. 이 방법은 발신했다가 반사되어 온 음파의 기록을 이용한다. 반사된 소리가 되돌아오는 데 걸리는 시간으로 거리와 모양을 정확하게 판단할 수 있는데, 이것은 원래 수백만

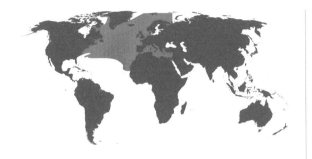

샛비늘치는 심해어류
자원의 65%까지
차지할 수 있다.

년 동안 서서히 진화해온 박쥐들의 기술이었다. 과학자들은 수중 음파 탐지기의 신호가 예상보다 훨씬 빨리 되돌아오자 약간 놀랐다. 이는 바다의 가장 깊은 곳에 예상치 못한 얕은 곳이 있다는 것을 암시했기 때문이다. 그러나 추가 조사 후에 수중 음파 탐지기의 측정값이 해저에서 온 것이 아니라 거대하고 밀도가 높은 샛비늘치 떼에 반사된 것임이 밝혀졌다. 물고기 떼가 너무 광대해서 마치 해저인 것처럼 측정 장비가 반응했던 것이다. 하늘의 새 떼가 너무 커서 마치 레이더가 새 떼를 하늘로 기록한 것과 비슷하다.

그 이후로 샛비늘치가 심해어류 자원의 65%까지 차지할 수 있다고 추정되었다. 기술적으로 심해는 햇빛이 도달하는 범위(거의 수심 1,000m) 아래에 있는 모든 영역이다. 이 영역은 지구상에서 생물이 살 수 있는 전체 서식지 중 무려 95%를 차지하며, 샛비늘치는 그 공간에서 가장 많은 동물이다. 결론적으로 바다에는 그 수를 헤아릴 수 없을 정도로 많은 샛비늘치가 있다.

어둠을 좋아하는 샛비늘치는 12시간 정도마다 밤이 되어 바다 전체가 어두워지면 이상 행동을 한다. 놀랍게도 매일 밤 샛비늘치는 집단으로 남북이 아닌 위아래로 수직이동을 시작한다. 매일 반복되는 이 패턴은 먹이 공급의 유동성에 의해 움직인다. 샛비늘치는 동물성 플랑크톤(바다의 풍부한 어류자원인 게, 바닷가재, 말미잘, 물고기, 벌레, 해파리 및 기타 많은 해저 동물의 극미하고 무수히 많은 유충)을 먹이로 삼는다. 매일 밤 이 무수히 많은 작은 생명체들이 함께 깊은 곳에서 얕은 곳으로 이동하고, 떠다니는 이 동물들을 먹으려는 샛비늘치는 이들을 따라간다. 사실 이 여행은 샛비늘치에게는 다소 위험한데, 오징어와 다른 기괴한 물고기 종들의 먹이가 되기 쉬운 위험 지대에 들어가는 것이기 때문이다. 이 포식자 중에 일부는 밤에 이 물고기 떼를 따라 수면 쪽으로 올라가겠지만, 그래도 밤이 낮보다는 안전하다. 낮에는 이 영역이 펭귄이나 바다표범, 돌고래, 상어, 그밖에 다른 주간 포식자들로 가득차기 때문이다. 본질적으로 샛비늘치는 잡아먹히지 않기 위해 물속에서 벌어지는 거대하고 끊임없는 술래잡기를 하며 살아간다.

빛을 뿜는 물고기

또한 샛비늘치는 위험을 피할 수 있는 또 다른 기술을 갖고 있는데, 바로 이 특징에서 그들의 흥미로운 이름이 유래한다. 심해의 다른 많은 생물들처럼 샛비늘치는 스스로 빛을 뿜을 수 있다. 생물 발광이라고 하는 이 능력은 개똥벌레 유충부터 짧은꼬리오징어목(Sepiolida, 세피올라목)에 이르기까지 많은 동물에게 있고, 그런 동물들이 계속 발견되고 있으므로 그 수는 계속 늘고 있다. 하지만 이 특징은 심해 어종에게서 가장 다양하게 나타난다.

간단히 설명해서 생물 발광은 자연 발생하는 루시페린 단백질과 루시페라아제 효소가 결합하여 작동한다. 이 단백질과 효소가 함께, 때때로 종들 간에 다양한 다른 생화학 물질과 함께 반응하여 궁극적으로 파란색, 빨간색 심지어 노란색 등 여러 가지 색조의 빛을 생성하는 것이다.

모든 화학 반응에는 어떤 형태든 에너지가 생성되므로, 간단한 반응에서 소리나 열과 함께 빛도 생성될 수 있다는 것은 당연하다. 샛비늘치속의 여러 종 대부분은 발광포라는 발광 기관을 갖고 있다. 이 기관에 들어 있는 모든 화학물질은 언제든 사용할 수 있다. 이런 발광포의 위치는 종마다 다르고 몸통 대부분에서 발견될 수 있는데, 눈 가까이에 있을 수도 있고 복부를 따라 또는 다른 많은 부위에 있을 수도 있다. 종별로 알아볼 수 있는 특정한 패턴을 갖고 있는 경우가 많아서 구형 잠수 장치에 들어가 있는 관찰자들은 어둠 속에서도 각각을 인식할 수 있다.

이런 스펙트럼 빛의 진짜 목적은 완전히 알려지지 않았다.

어둠 속에서 빛나다

이런 스펙트럼 빛을 뿜는 진짜 목적이 무엇인지 아직 제대로 알려지지는 않았다. 한 최신 이론에 따르면, 아래에서 보았을 때 이런 빛이 어둠 속에서 물고기의 윤곽선을 혼란스럽게 하는 일종의 소극적인 위장 역할을 해서 포식자로부터 몸을 방어한다고 한다. 일부 샛비늘치의 경우, 수컷과 암컷의 발광포 위치가 다른 것으로 보아 그 빛이 어쩌면 성적 선택과 관련이 더 클 수도 있을 것 같다. 샛비늘치가 지구의 생물권 중에서 가장 접근하기 힘든 지역에 살지 않았다면, 이런 미스터리는 좀 더 빨리 해결될지도 모른다. 이 어종은 자연 그대로의 서

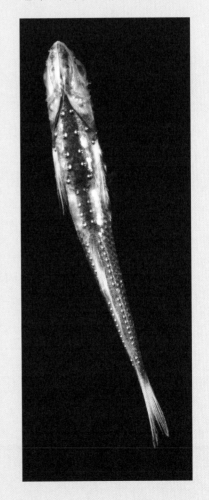

식지에서 연구하기가 너무 어려워서 (우리가 사는 환경에서 그 서식지를 만드는 것은 훨씬 어렵다) 이 추측은 한동안 계속될 가능성이 높다.

어쩌면 일부 종의 빛은 고대의 사회 연결망처럼 어둠 속에서 서로 신호를 보내기 위한 일종의 '모스 부호'로 번쩍일 수 있다. 아마 어떤 빛은 생성된 빛이 일반적으로 너무 약해서 어떻게 작용할지 볼 수 없지만, 어둠 속에서 횃불처럼 사용될 수 있을 것이다. 많은 심해어처럼 샛비늘치도 눈이 아주 크기에 "이런 물고기 미니언즈가 느릿느릿 헤엄치면서 얼굴 횃불을 이용하여 길을 바르게 가고 있는지 확인하거나 캠프에서 무시무시한 심해 이야기를 하고 있다고" 상상해 보았다. 역시 좀 멋지지 않은가?

아래에서 보았을 때 몸체의 아랫면에 있는 빛이 물고기의 윤곽선을 혼란스럽게 하면서 포식자들이 보기 더욱 힘들게 만들 것이다.

알락곰치

{*Enchelycore pardalis*}

일반명
용곰치, 표범곰치

몸길이
최대 92cm

서식지
주로 따뜻한
바다의 암초

눈에 띄는 특징
다색, 이중 아래턱

개성
비밀주의

좋아하는 것
무늬바리와 함께
사냥하기

특별한 기술
피부에 끈적끈적한
점액 형성

보존 상태
관심 대상

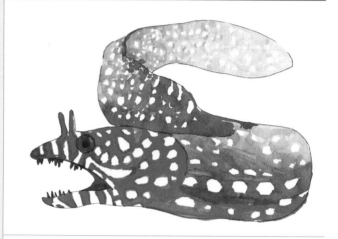

내 물고기 그림이 해부학적으로 아주 정확하진 않을지도 모르지만, 실물을 알려주는 역할 정도는 충분히 해야 한다. 이 그림의 경우 너무 내 마음대로 그렸다고 생각할 수도 있지만 알락곰치는 정말로 이 그림처럼 화려하다.

곰칫과는 약 200종으로 구성된 큰 과이며, 대부분의 종은 열대와 온대 바다의 빛이 투과할 수 있는 모든 곳에서 발견된다. 담수 어종이 소수 있고, 극지의 수역에는 그보다 좀 더 많은 어종이 있다. 한편 알락곰치와 종이 다른 곰치들은 색이 약간 흐릿하다. 내가 알락곰치를 선택한 이유는 보라색이 주색이기 때문인데, 물고기 일러스트레이터가 보라색을 사용하는 일은 흔치 않다.

악의적인 곰치

곰치는 주로 따뜻한 물의 암초에 사는 포식자로, 암초의 바위와 산호 사이에 있는 틈새에 꼭 맞추어 미끈하게 움직일 수 있도록 길고 꾸불꾸불한 몸체로 진화했다. '헤엄친다'라기보다는 거의 '흘러가는' 것처럼 보일 만큼, 악의는 아니더라도 최면을 걸듯이 유연하게 움직인다. 또한 곰치는 후각이 뛰어나다. 그림처럼 알락곰치의 머리에 있는 '뿔'은 실제로 가늘고 긴 콧구멍 관이며, 이것 덕분에 먹잇감의 냄새를 맡을 수 있다.

외계인이 나오는 영화에서 커다란 아래턱 안에 작은 입이 들어 있는 포식동물을 본 적이 있을 것이다. 곰치 역시 이빨이 있는 바깥쪽 턱과 안쪽 턱을 모두 갖고 있다. 이 물고기는 좁고 제한된 공간에서 사냥할 뿐만 아니라 가늘고 날카로운 이빨로 잘 빠져나가는 먹잇감을 꽉 잡도록 진화했다. 또한 롱 노즈 플라이어(long-nose pliers)와 비슷하게 생긴 안쪽 턱도 먹잇감을 붙들기 때문에 먹잇감은 결코 빠져나가지 못한다. 곰치는 우리 생각보다 훨씬 큰 먹잇감을 붙잡을 수 있다. 그러고는 뱀처럼 근육으로 먹이를 점차 밀어넣어서 동굴 모양의 관(곰치의 위장)으로 서서히 '보낸다.' 그러나 뱀과 달리 곰치는 앞 턱을 탈구시키지 못하고 뒤 턱(인두턱, 3만여 종의 경골어류 또는 경골어에게 자연적으로 존재한다)을 이용하여 먹이를 천천히 삼킨다.

이 잡아채기 기술은 아주 효과적이며, 일종의 흡입 형태를 이용하여 먹이를 입으로 가져가는 대부분의 경골어와 달리 마치 물을 매개로 하는 진공청소기 같다. 다수의 암초 서식지에서 곰치가 최상위 포식자(먹이사슬의 꼭대기에 있는 포식자)인 것도 인상적이다.

2006년에 르두안 브샤리(Redouan Bshary)라는 해양 생물학자가 홍해에서 '청소 물고기(cleaner fish)'의 행동을 연구하고 있었다. 그는 그곳의 또 다른 최

곰치의 잡아채기 기술은 아주 효과적이다.

곰치는 색상과 패턴이 다양하지만, 모두 바늘처럼 뾰족하고 무시무시한 이빨을 갖고 있다.

상위 포식자인 무늬바리(*Plectropomus leopardus*)가 은신처에서 머리를 쑥 내밀고 있는 커다란 곰치를 향해 헤엄쳐가는 것을 목격했다. 그는 암초 서식지의 골목대장 두 놈이 싸우는 것을 보겠구나 생각했지만, 대신에 새롭고 완전히 놀랄 만한 일을 보게 되었다. 무늬바리가 은신처에서 나온 곰치에게 머리를 흔들더니 함께 헤엄쳐서 가버린 것이다.

이런 행동이 반복적으로 관찰되었고 무늬바리가 사냥할 때 곰치의 도움을 받고 있음이 분명해졌다. 심지어 먹잇감이 암초로 도망치자 곰치를 이끌고 놓친 곳으로 가기도 했다. 곰치는 꿈틀대며 안으로 들어가서 먹이를 혼자 힘으로 잡기도 하고 강제로 다시 밖으로 내보내기도 했다. 어느 쪽이든 무늬바리는 먹이를 잡을 수 있었을 것이다. 이런 행동을 기술적으로 '이종 간의 의사소통과 합동 사냥'이라고 한다. 이것은 자연에서 아주 희귀한 일이며 두 물고기가 얼마나 오랫동안 이렇게 해왔는지는 아무도 모른다.

아주 많은 등뼈

곰치는 척추뼈를 비정상적으로 많이 갖고 있다. 인간과 그 외의 포유류(심지어 목이 긴 기린 역시)는 33개의 척추뼈를 갖고 있지만, 곰치는 서로 맞물리는 척추뼈를 100개 이상 갖고 있는 경우가 흔하다. 파란색과 초록색이 현란한 리본장어(소형 곰치의 한 종류) 같은 종은 척추뼈가 무려 258개나 된다.

곰치의 또 다른 흥미로운 점은 피부가 끈적끈적한 점액층으로 덮여 있어서 날카로운 산호 끝과 바위 모서리에 다치지 않는다는 점이다. 또 피부에는 혐오감을 일으키는 독소가 섞여 있다. 이따금 일부 상어와 무늬바리는 좋아하기도 하지만, 이 물질 때문에 다른 물고기들은 곰치를 먹지 않는다. 하지만 얄궂게도 곰치의 살은 맛이 없고 내장에 시구아테라라는 독소가 있어 사람들이 먹기에 적합하지 않아 사실 이 점액은 거의 필요가 없다. 이 독소는 와편모충이라는 미생물이 만들어내는 것인데, 숙주에게는 전혀 해롭지 않다. 일반적으로 와편모충은 일부 바닷물고기 몸속에 기생하는데, 인간이 이 독소를 섭취하면 대개 설사, 구토, 졸음, 부정맥을 일으키며 심하면 사망에까지 이르게 된다.

밤의 동물

곰칫과 물고기는 눈송이곰치(*Echidna nebulosa*)나 기하곰치(*Gymnothorax griseus*)처럼 멋진 패턴이 반영된 근사한 이름을 갖고 있다. 하지만 풍부하고 복잡한 패턴과 색상에도, 많은 종의 곰치가 실제로는 야행성이다. 무늬는 암초에 사는 모든 화려한 생물들 사이에서 분열을 일으키는 위장일 가능성이 있다.

우리 눈에는 곰치가 불길한 징조 또는 사악한 존재로 보인다. 어두운 바닷속 틈새에서 머리를 쑥 내밀고, 입을 크게 벌려 바늘처럼 뾰족한 이빨을 보이는 것이 마치 우리를 먹잇감으로 평가하는 것 같기 때문이다. 그러나 이런 행동은 곰치의 위협이 아니다. 곰치는 아가미가 너무 작아서 호흡을 돕기 위해서는 이렇게 해야만 한다. 그래도 잠수를 할 때는 곰치와 일정한 거리를 두는 것이 좋다. 곰치는 영역 주장이 강하고 방해를 받으면 몹시 공격적일 수 있기 때문이다. 심지어 곰치는 다이버들이 쓴 수중 마스크에 비친 자기 모습에도 반응하는 것으로 알려져 있다.

> 사람이 살지 않는 산호섬에 좌초된다 해도, 곰치는 그대로 두는 것이 좋다.

13

구피

{*Poecilia reticulata*}

일반명
밀리언피시(millionfish),
무지개물고기

몸길이
수컷 최대 3.5cm,
암컷 최대 6cm

서식지
거의 모든 곳

눈에 띄는 특징
다양한 색상

개성
거칠고 적응을 잘함

좋아하는 것
같은 종이 모여 있기
(다수일 때 강해짐)

특별한 기술
출산 조절

보존 상태
관심 대상

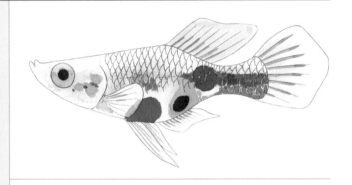

어항에 물고기를 키워본 사람이라면 어느 순간에는 구피를 마주쳤을 가능성이 높다. 구피는 대단히 화려하면서도 튼튼한 물고기 중 하나지만, 그 크기는 우표 정도밖에 되지 않는다. 하지만 크기는 그렇게 작아도 구피의 생태는 수컷이 암컷의 관심을 끌기 위해 흔들고 다니는 꼬리만큼이나 흥미롭고 다채롭다.

구피는 원래 카리브해가 원산지이지만, 과학적으로 기술되며 이름이 붙여진 최초의 구피는 1859년 베네수엘라에서 잡힌 표본이었다. 그다음에 1866년 트리니다드섬에서 잡힌 표본을 기술하면서, 그것을 잡은 용감한 영국의 박물학자인 로버트 존 레크미어 구피(Robert John Lechmere Guppy)의 이름을 딴 '*Girardinus guppii*'라고 명명되었다. 이것이 정식으로 붙여진 최초의 이름이므로 최초의 학명으로 인정되었고 영어 이름은 '구피(guppy)'로 빠르게 알려졌다.

구피는 거의
모든 상황에서
살아남을 수
있다.

화려하면서도 친화적이다

호감을 주는 특징 몇 가지 덕분에 구피는 세계적으로 인기가 높아졌을 뿐만 아니라 그 수도 많아졌다. 구피에서 가장 눈에 띄는 점은 수컷의 멋진 색깔과 화려하면서도 큰 꼬리와 지느러미다. 암컷은 꼬리와 지느러미가 약간 더 크고(때로는 수컷의 절반 크기일 때도 있다), 수컷을 아름답게 해주는 장식과 과시적으로 확장된 부위가 없다. 이렇게 더 수수해 보여도 암컷은 구피의 세계에서 훨씬 큰 책임을 진다.

구피는 적응력 좋은 식습관을 갖고 있어서 조류든 곤충 유충이든 서식지에서 가장 흔하게 먹을 수 있는 거라면 무엇이든 먹어치운다. 간혹 서로 잡아먹긴 하지만, 이렇게 특별히 좋아하는 먹이도 없고 식욕도 별로 없는 것이 구피의 인기 비결 중 하나다. 그러나 성공 비결은 그 외에도 많다.

구피는 또한 거의 모든 상황에서 살아남고 번성할 수 있는 생존 기술을 갖고 있다. 이들의 중요한 적응 능력 중 하나는 태생어류라서 살아 있는 치어를 출산한다는 것이다. 암컷은 21~30일의 임신 기간(대부분의 명금류와 비슷하다)을 보낸 후 아주 작은 구피를 낳는다. 그리고 짝이 없는 암컷은 스스로 6시간 동안 200여 마리의 치어를 낳을 수 있다(하지만 대략 30~60시간이 더 일반적이다). 암컷은 생후 10주가 되면 성적으로 성숙하고 수명은 2년 정도 되는데, 내내 생식력이 있고 매년 2~3세대를 생산할 수 있다. 이는 구피 암컷 한 마리가 일생 동안 최대 1,200마리의 치어를 낳을 수 있다는 뜻이다. 일부 다른 어종들이 수백만 개의 알을 낳을 수 있다는 것은 분명하지만, 번식과 생존 면에서 구피가 우세한 것은 이와 같은 구피의 특징들 때문이다.

외부의 영향

구피의 행동은 환경 영향에 따라 달라진다. 포식자가 많은 물에 살면 더 오래 살고 더 큰 무리를 만들며 생식력이 더 강해지는 경향이 있다. 이런 특징은 포식의 영향을 없애고 구피의 개체군을 크고 건강하게 유지시킨다. 반면 포식자가 적거나 없으면 구피는 얼마나 많은 먹이와 공간이 있는지에 따라 개체군을 관리한다. 또 무리도 적게 만들고 생식력도 떨어지게 되며 많은 개체군을 잃을 가능성이 낮기 때문에 각 개체의 번식 잠재력이 약해진다. 포식자가 들어오면, 구피는 생존 가능성을 높이기 위해 다시 서식지가 넘칠 정도로 치어를 많이 낳을 것이다. 본질적으로 구피는 상황에 따라 개체 수를 조절한다.

수족관 간의 거래가 활발하게 이루어지면서 구피가 점점 더 화려하게 변이하기 시작했다.

　다산에도 불구하고 구피의 번식 행동은 정확하고 신중하다. 많은 물고기가 수백만 개의 알을 되는대로 낳고 수컷이 외부에서 대충 알을 향해 어백을 뿌려 수정시킨다. 이것은 복불복 방법이지만 대다수의 어종에게는 효과가 있다. 반면에 구피는 체내 수정을 한다. 수컷의 뒷지느러미에는 교미지느러미가 숨겨져 있는데, 이것은 정액 주머니를 보관하는 일종의 관이다. 수컷은 암컷과 교미할 때 이 관을 암컷의 항문에 밀어넣어 정액을 배설한다. 이 방법은 포유류와 비슷하게 낭비를 줄이고 수정에 실패할 위험을 낮추고 훨씬 정확하다. 암컷은 일단 정액을 받아들이면 최대 8개월 동안 저장하면서 그 사용을 조절할 수 있다. 수컷이 모두 죽거나 잡아먹히는 믿기 어렵지만 끔찍한 사건이 일어나도, 암컷은 몇 달 후에 수정할 수 있으며 심지어 서식지에 구피들을 다시 살게 하는 책임을 혼자서 다할 수 있다.

　암컷의 또 다른 특징은 일처다부, 즉 한 마리 이상의 수컷과 교미하는 경향 또는 능력이 있다는 것이다. 이 역시 한 번에 둘 이상의 수컷 정액을 보관할 수 있어서 수컷들이 사라진 후에도 오랫동안 치어를 낳을 수 있다는 뜻이다. 여러 수컷에 의해 수정된 치어를 낳을 수 있는 이 능력 역시 유전적 특질을 건강하고 다양하며 경쟁력 있게 지킬 수 있다는 것을 의미한다.

작지만 강하다

모든 어려움을 이기고 생존할 수 있는 구피의 타고난 능력이 현대에는 부정적으로 작용하는 경우가 있다. 사람들은 구피를 세계 곳곳의 많은 서식지에 들여놓기로 하면서, 이 물고기가 많은 질병을 일으키는 해로운 모기 유충을 잡아먹어서 모기 개체군을 줄이는 데 도움이 될 것이라는 그릇된 믿음을 가졌다. 하지만 그 결과는 마치 작은 군대를 마음껏 풀어놓은 것과 같았다. 수족관 속의 이 물고기들은 다른 물고기와 생태계를 파괴하고 실질적으로 세계의 많은 지역을 접수할 준비가 되어 있었다. 현재 구피는 저 멀리 트리니다드섬, 파키스탄, 캄보디아까지 많은 나라에서 생물의 다양성을 위협하고 있다. 이들을 없앨 수야 있겠지만, 아주 어렵다.

구피의 복잡하고 흥미로운 생활은 세세한 것까지 모두 널리 알려져 있다. 이는 구피가 아주 강하고 회복력이 좋기 때문이며, 덕분에 구피는 가장 많이 연구하는 대상이 되었다. 현재 구피는 전 세계의 거의 모든 실험실과 생물 시설에서 볼 수 있다. 그 생활의 비밀이 어느 정도 드러나긴 했지만, 그래도 구피는 여전히 매력적이고 흥미로운 존재다.

따라서 다음에 수조를 지나갈 때 작고 귀엽고 화려한 물고기들이 똑같이 생긴 물고기들에 둘러싸여서 멋지게 춤추고 있는 모습을 보아도, 속지 말길 바란다. 조금이라도 여지를 주면 구피는 더 많은 것을 요구할 것이다. 구피는 태생적으로 어떤 방식으로든 이 세계를 접수하려고 할 것이다.

> 암컷이 일단
> 정액을 받아들이면
> 최대 8개월까지
> 저장할 수 있다.

14

흑점얼룩상어

{*Chiloscyllium punctatum*}

일반명
융단상어, 팽이상어,
보행상어

몸길이
최대 1m

서식지
산호초, 조수 웅덩이

눈에 띄는 특징
굵은 줄무늬, 수염

개성
야행성

좋아하는 것
새우, 가리비, 오징어,
작은 물고기

특별한 기술
물 밖에서도 살 수 있음

보존 상태
준위협

제2장에 소개된 다른 '초미니' 물고기들에 비해 크지만, 흑점얼룩상어를 여기에 포함시킨 이유는 완전히 다 라봤자 1m를 넘지 않아 상어들 중에서는 작기 때문이다. 또 현란한 줄무늬가 있어서 가장 아름다운 상어이기도 하다. 굵 은 줄무늬는 나이가 들어가면서 희미해지다가 나중에는 칙칙 한 갈색처럼 보이게 된다. 따라서 위 그림은 어린 상어를 그린 것이다. 그러나 내가 50종의 물고기 중 하나로 이 작은 상어를 선정할 가치가 있다고 생각한 이유는 이 상어가 종종 육지에 서도 발견되기 때문이다.

흑점얼룩상어는 물 밖으로 나오는 것을 두려워하지 않는다. 실제로 이 상어는 물 밖에서 최대 12시간까지 지낼 수 있으며 그로 인한 부작용도 없는 것으로 보인다.

이들이 이런 특별한 기술을 발달시킨 이유는 조간대(수심 이 1미터가 넘는 곳부터 아주 빠른 시간 내에 바짝 마를 정도의 얕은 곳까지 다양한 해안 지역)에서 살기 때문이다. 조수가 약 12시간 주기로 일어나기 때문에, 물로 돌아가지 못한 대부분의 상어는 이 시간에 육지에 노출되었을 것이다. 건조함과 호흡 곤란을 견디기 위해 분명 진화했을 것이다. 그런 극한 행동에 대한 보상 덕분에 썰물 때 노출된 조수 웅덩이에서 흑점얼룩상어가 먹이를 찾아 헤맬 수 있다. 그런 일시적인 웅덩이에는 다시 밀물이 들어와 물에 잠길 때까지 탈출하지 못하고 남은 게나 물고기, 새우 같은 먹이들이 많을 것이다. 포유류 중 청소부 동물이나 바닷새와 경쟁을 해야 하긴 하지만, 이런 먹이들은 오직 소수의 해양 동물만 얻을 수 있는 귀중한 식량자원이다.

숨쉬기를 하려고 나오는 건 아니다

흑점얼룩상어가 물 밖에서 장시간 지낼 수 있는 것은 필요한 산소량을 줄일 수 있기 때문이다. 심장 박동 수를 낮추고 호흡을 천천히 하며 몸과 뇌의 특정 부위로 내보내는 혈액을 줄이는 방식으로 말이다. 이 능력은 저산소증이라고 알려져 있다(고도가 높은 곳에서 사람의 생리기능이 작용하는 방법과 비슷하다). 본질적으로 흑점얼룩상어는 물 밖에서 질식하지 않는다. 이 생존 전략을 구사하는 흑점얼룩상어에 필적할 만한 물고기는 거의 없는데, 이 상어가 먹이를 찾아다닐 때 대부분 경쟁 상대가 없을 뿐만 아니라 그동안에는 자기보다 큰 포식자에게서 벗어날 수 있기 때문이다.

밤에 몰래 사냥하는 성향과 합쳐져서 이러한 행동은 은밀해지고 교활해진다. 이상하게 길게 찢어진 눈과 고양이 수염처럼 생긴 수염(메기수염과 아주 흡사)

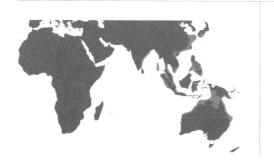

흑점얼룩상어는
물 밖에서
최대 12시간까지
지낼 수 있다.

때문에 '팽이상어(cat sharks)'라고도 알려졌다(진짜 'catshark[두툽 상어, 두툽상엇과]'와는 관계가 더욱 멀다). 얼룩상어는 해안선과 암초 사이의 중간 지대에서 서식하는데, 침적토에서 뒹굴고 낮 동안 눈에 띄지 않는 것을 좋아하므로 중간 지대는 진흙이나 모래 바 닥에 가까이 있는 것이 좋다. 그들은 밤에 등장해서 아주 예민한 수염을 이용해 방향을 감지하여 부드러운 진흙이나 암초의 갈 라진 틈과 수면에서 작은 갑각류를 사냥한다. 조수 웅덩이에서 먹이를 찾아 배회할 때는 우연히 발견한 먹잇감 대부분을 먹으려고 한다. 그때 딱딱한 껍질 속에 있는 것들은 작지만 호두까기처럼 강력한 턱으로 껍질을 깨 부수고 먹는다.

> 흑점얼룩상어는 우연히 발견한 먹잇감 대부분을 먹으려고 한다.

작지만 완벽하다

흑점얼룩상어는 대개 일본에서 오스트레일리아에 이르는 서부 인도-태평양에 서 발견되며, 주요 분포지에서는 상당히 흔하게 볼 수 있다. 은밀한 습성이 있 기 때문에 우리 예상보다 더 많을 수 있고, 우리는 어쩌면 그 수를 과소평가하 는지도 모른다. 게다가 작고 상당히 예뻐서 애완동물로도 인기가 많기 때문에 흑점얼룩상어를 찾는 수요도 있다. 수족관 관리자들의 사랑을 받는 이 상어는 여러 가지 면에서 완벽한 물고기다. 공간을 많이 차지하지도 않고 비교적 튼튼 하며 최대 12년까지 살기 때문이다.

또한 수족관 안에서도 많은 알을 낳을 수 있어서 번식이 상당히 쉽다. 흑점 얼룩상어 치어는 암컷이 해저나 산호초 주변에 산란하고 내버려 둔 알에서 부 화한다. 다른 연골어류처럼, 이 상어의 알은 납작하고, 날이 있으며, 네 모서리 마다 가는 섬유가 있고, 이국적인 꼬투리처럼 생겼다. 각각의 알 속에는 작지만 완벽한 상어가 한 마리씩 들어 있으며, 부화하고 남은 꼬투리는 홍어나 가오리, 상어의 다른 많은 알주머니들과 함께 해안에서 말라비틀어진 채로 발견될 수 도 있다. 물론 흑점얼룩상어 개체군도 광범위하게 진행되고 있는 산호초 파괴 로 막대한 영향을 받고 있으며 수족관의 불법 거래로 인해 그 피해가 더 커지 고 있다. 사실 이것이 흑점얼룩상어에게 닥친 가장 큰 위협이다.

흑점얼룩상어는 동남아시아에서 식용으로 소비되고 있고 오스트레일리아에서는 맛있는 요리 재료로 여겨지고 있다. 다만 쉽게 잡히지 않는다. 이 상어는 구부려서 물건을 감을 수 있는 납작한 꼬리를 갖고 있는데, 꼬리 힘이 아주 세지는 않지만 바위나 산호초를 감고 있으면 떼어내기가 어렵다. 또한 이 상어는 육지에서도 살 수 있는 특징과 함께 다양한 동작을 할 수 있어서 '보행상어(walking shark)'라는 이름도 얻게 되었다. 흑점얼룩상어는 넓고 강력한 가슴지느러미(머리에서 가장 가깝고 거의 아랫면에 있는 부속 기관)를 갖고 있는데, 물속에서 보면 해저를 따라 마치 걷고 있는 것처럼 보인다. 가까운 관계인 긴꼬리에폴렛상어(Hemiscyllium ocellatum)는 이 능력을 한 단계 더 발전시켰다. 그들은 물에서 나와 먹이를 찾아 배회할 때 또 다른 조수 웅덩이로 걸어가며 비교적 멀쩡하게 그곳에 도착한다.

상어가 육지에서 걸어 다닐 수 있다고 생각하면 많은 사람이 다소 불안해할 수도 있지만, 흑점얼룩상어는 사람을 해치지 않는다. '우리가 그들을 두려워하는 것보다 그들이 우리를 더 두려워한다'라는 오래된 격언은 정말로 사실이다.

흑점얼룩상어의 색채 패턴은 자연을 배경으로 위장을 하는 데 효과적이다.

15 붉은배 피라냐

{Pygocentrus nattereri}

일반명
붉은 피라냐(red piranha),
커리비(caribe)

몸길이
최대 60cm

서식지
강

눈에 띄는 특징
강한 턱,
날카로운 이빨

개성
물어뜯기

좋아하는 것
고기

특별한 기술
의사소통

보존 상태
미평가

남아메리카에 서식하는 이 육식 물고기는 제임스 본드가 나오는 007 시리즈나 공포 영화를 통해 널리 알려진 크기가 작고 피에 굶주린 물고기다. 모든 피라냐가 다 그렇게 작지는 않아서 좀 더 큰 피라냐는 큰 접시보다 크다. 그러나 피라냐의 악명은 대부분 습성과 입안의 날카로운 이빨에서 비롯되었다.

피라냐는 상아질이 완벽한 톱니 모양의 삼각형 형태인 놀라운 이빨을 갖고 있다. 흥기인 실톱이 완벽한 활 모양으로 있는 것 같은 이빨은 입안에서 서로 맞물린다. 피라냐는 아주 빠르게 그리고 엄청난 힘으로 물 수 있다. 어류학자들은 최근 피라냐가 먹이를 물었을 때의 압력을 연구했는데, 체급을 불문하고 백상아리보다 더 강력했다. 비교적 작은 물고기가 어떻게 그렇게 압도적으로 무는 힘을 내는지 놀랍다. 참고로 상어와의 경쟁 관계는 전혀 아니다.

피라냐가 속한 세라살무스과(Serrasalmidae, '톱니 모양의 연어'라는 라틴어에서 유래)에는 많은 종이 있다. 안데스 산맥 아래 남아메리카 대서양에 90종이 서식하고 있고, 일부 다른 지역에 전해져서 성공적으로 정착했다.

몸 크기는 동전만한 크기부터 파쿠(pacu)라고 알려진 1m 길이의 괴물까지 다양하다. 파쿠는 물고기보다는 소의 이빨에 가까운 독특한 이빨을 갖고 있는데, 이는 파쿠가 견과류를 먹기 때문이다. 바로 이 사실이 피라냐의 무는 힘이 엄청나게 세게 발달한 이유를 설명해준다. 붉은배 피라냐의 조상은 '호두까기' 였던 것이다. 그리고 가공할 만한 무는 힘을 발달시킨 후에는 생존을 위해 먹이를 고기로 바꾸었다.

악몽 같은 물고기

피라냐의 사악함에 대하여 미국 대통령 시어도어 루스벨트(Theodore Roosevelt)와 관련된 유명한 전설 같은 이야기가 있다. 루스벨트는 야생 지역 여행(대개 박물학자의 탐험이라고 하지만 일반적으로는 사냥이 목적이다)을 한 것으로 유명한데, 그 중에 브라질 여행도 있었다. 한번은 현지인들이 다른 뱀을 잡아먹는 뱀에 대한 것과 아마존 토착 어종의 위험성을 보여주기 위해 소 한 마리를 강으로 밀어넣는 시범을 보였다. 곧 소는 핏물과 흙탕물 속으로 사라졌고 강물은 금세 부글부글 끓는 것처럼 보였다. 몇 분 만에 소는 뼈만 남았다. 여행에서 돌아온 루스벨트는 회고록을 썼고, 이렇게 피라냐에 대한 전설이 탄생했다.

이 이야기의 세세한 내용이 정확한지에 대해서는 추가 조사가 필요할지도

피라냐가 물었을
때의 압력은
백상아리보다
더 강력하다.

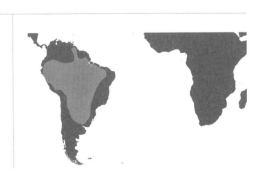

모른다. 피라냐의 이빨 무기와 그 힘을 생각하면 이 이야기는 사실일 것 같지만, 그 시기가 문제였다. 피라냐는 남아메리카의 하천에서 가장 풍부한 어종이다. 미끼를 내놓으면, 가장 먼저 무는 물고기는 대개 피라냐다. 와이어리더를 사용하지 않는다면, 아마 피라냐는 낚싯줄을 뜯어 먹고 모든 낚시 도구를 가져가 버릴 것이다. 피라냐는 또한 수천 마리가 떼로 모일 수도 있다. 이 행동은 아마도 사냥보다는 방어와 관련이 있을 것이다. 놀랍게도 이렇게 무시무시해 보이는 피라냐도 서식하는 강에서 최고 강자가 아니기 때문이다. 그들은 카이만(파충류 악어목 앨리게이터과의 악어를 통틀어 이름), 큰수달, 아마존강돌고래가 좋아하는 먹이다. 이런 포식자들은 피라냐가 잡아 먹기 좋다는 것을 안다. 이들이 피라냐의 먹이가 되는 순간은 죽거나 죽어갈 때뿐이다.

고통을 주는 피라냐의 이빨은 작고 완벽한 피라미드 모양이다.

물에 나무가 빠지는 곳

아마존강은 극한의 장소다. 우기에는 강물이 나무들 사이로 흐르지만, 건기에는 수위가 20m까지 내려간다. 예전에 내가 남아메리카에 있었을 때, 쓰러진 나무가 다른 나무의 꼭대기 가지에 끼어 있는 것을 보았다. 어떻게 저런 일이 일어날 수 있냐는 내 물음에 보트 선장은 둥둥 떠다니다가 끼인 것이라고 무심하게 대답했다. 우기에는 수위가 그만큼 높이 올라간다는 말이었다. 달리 어떤 방법으로 열대우림 한가운데서 거대한 나무가 다른 나무에 끼일 수 있을까?

비가 내리면 피라냐는 나무들 사이로 가서 먹이를 찾고 우기에 강바닥을 이루는 나뭇잎 더미와 뿌리들 사이에서 번식을 한다. 그러나 건기에는 강물이 줄어들어 모래톱과 가파른 강둑이 드러나고, 부러지고 손상된 나무들이 기슭에 올라앉게 된다. 웅덩이와 남은 강물이 점점 한곳에 모이면서 대부분의 물고기는 노출되어 굶주리고 산소를 얻기 위해 버둥댄다. 이때는 절대 강에 발을 담그거나 소를 밀어넣으면 안 된다.

말하는 물고기

붉은배 피라냐는 말을 한다. 한 마리를 잡아서 낚싯바늘을 조심스럽게 빼면 피라냐는 '각각'대며 이상한 소리를 낸다. 이 시끄러운 소리는 아가미를 통해 공기주머니를 쥐어짤 때 나는 소리며, 그 소리는 아마존강 유역에서 잘 알려져 있다. 최근 연구 결과에 따르면 피라냐는 한 가지 소리만이 아니라 상당히 많은 단어의 소리를 낸다고 한다. 말라가는 웅덩이에서 떼지어 먹잇감에 몰려들어 열심히 먹으면서 피라냐는 서로 의사소통을 한다. 요컨대 다른 피라냐에게 자기를 혼자 놔두라고 소리치는 것인데 결과적으로 어쩌다가 서로 먹잇감이 되는 것을 피하기 위함이다. 최근까지도 우리는 물고기의 의사소통 능력에 대해 철저하게 무시했는데, 이 놀라운 발견으로 완전히 새로운 이해를 하게 되었다(72~75쪽 흰동가리 참조).

> **피라냐는
> 한 가지 소리가 아니라
> 상당히 많은 단어의
> 소리를 낼 수 있다.**

피라냐는 무섭고 탐욕스럽지만 아이러니하게도 좋은 먹거리다. 흔하고 잡기도 쉬워서 '피라냐 스튜'는 남아메리카에서 흔히 먹을 수 있는 음식이다. 인기 있는 조리법은 간단하다. 피라냐를 머리와 꼬리까지 통째로 커다란 냄비에 넣고 여기에 양파와 향신료를 더하여 조리한다. 이 스튜는 다소 낯선 음식일 수 있다. 특히 숟가락으로 뒤적이다가 톱니 이빨을 가진 생선 대가리가 보이면 이상한 기분이 들 수도 있다.

있을 것 같지 않아 보여도, 언젠가는 강에서 피라냐를 잡아 올려야 하는 일이 일어날 수 있다. 등지느러미를 잡으면 피라냐에게 또 다른 성가신 면이 있다는 것을 알게 될 것이다. 바로 등지느러미에 있는 작은 가시다. 여기에 찔리면 애를 먹을 수 있다. 피라냐가 몸부림치고 꿈틀거릴 때 달려들어 무는 이빨을 피하려고 신경 쓰다가 이 가시에 찔리게 될 가능성이 아주 높다. 가장 원하지 않는 일은 피라냐를 잡지도 못하고 심하게 물리기만 하는 것이다.

16

주황흰동가리

{Amphiprion percula}

일반명
퍼큘라 클라운피시
(percula clownfish),
클라운 아네모네피시
(clown anemonefish)

몸길이
약 8cm

서식지
말미잘과 주변

눈에 띄는 특징
주황색 바탕에 흰 줄 3개

개성
꼼꼼함

좋아하는 것
말끔한 말미잘

특별한 기술
성전환

보존 상태
관심 대상

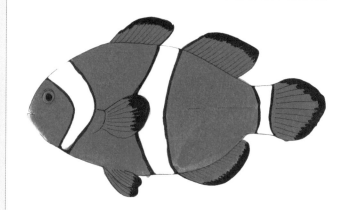

전 세계적으로 흰동가리는 30종이 있으며, 이 중에 몇 종 은 유명 애니메이션 캐릭터인 니모처럼 생겼지만 다 그런 것은 아니다. 흰동가리는 홍해를 포함하여 온대 인도-태 평양에서 발견된다. 언제나 산호초가 있는 곳에 서식하며 거 의 항상 말미잘 촉수에 숨어 있다. 하지만 이런 공생 관계는 보기보다 훨씬 복잡하다.

말미잘은 독성이 있고 촉수를 통해 침을 쏜다. 말미잘에 우 연히 스치면 자포(해파리에도 있다)라고 하는 작은 침 세포 수천 개가 발사된다. 자포 안에는 코일처럼 감긴 작살이 들어 있는 캡슐이 있고, 모든 것이 늘 준비 상태다. 그래서 촉수를 스치게 되면 이런 캡슐들이 터지면서 작살이 발사된다. 작살 하나하 나에 독이 들어 있는데, 우연이든 아니든 작살을 통해 독이 공 격자나 잠재적 먹잇감에게 주입된다. 이런 작용은 너무 미세

흰동가리 몇 종은
유명 애니메이션
캐릭터인 니모처럼
생겼지만 다
그런 것은 아니다.

한 규모로 이루어져서 육안으로 직접 볼 수 없지만, 현미경으로 관찰하면 아주 극적이다. 말미잘에 스친 뒤 우리 피부에 발진처럼 보이는 것들이 생기는데, 사실은 피부에 발사된 수많은 작살 때문에 생긴 작은 상처들이다.

침을 잘 피하다

대부분의 말미잘은 사람에게 무해하다. 함유된 독소가 사람이 아닌 물고기를 기절시키거나 죽이게 되기 때문이다. 하지만 우리가 피하면 좋을 말미잘 두 종이 있다. 하나는 지옥의 불 말미잘(*Phyllodiscus semoni*)이라는 놀라운 이름의 종이다. 나이트 말미잘과(night anemones)에 속하며 일본에서만 발견된다. 인도-태평양에 서식하는 열말미잘과(Stichodactylidae)에 속하는 두 종도 피해야 한다. 그렇다 해도 열말미잘과는 흰동가리의 모습을 가장 흔하게 볼 수 있는 말미잘이다. 물론 이 점에서 에인절피시(Angelfish, 담수 열대어)가 헤엄치기를 꺼리는 곳에서 작고 통째로 먹을 수 있는 말미잘 크기의 이 물고기가 어떻게 살아남을 수 있는지 의문이 생긴다.

이 두 동물(말미잘은 이름은 식물 같지만 동물이다) 사이의 관계는 동물의 세계에서 이례적이며 복잡하고 상당히 특별하다. 어쩌면 이 관계에서 가장 명백하게 이득을 보는 쪽은 흰동가리일 것이다. 포식자의 덫 안에 숨어서 포식자에게 잡아먹히지 않기 때문이다. 흰동가리는 숙주에게서 멀리 떨어지는 법이 없다. 말미잘 안이나 주변, 위에서 알을 낳고 새끼를 키우며 잠자고 생활한다. 말미잘은 지저분한 손님인 흰동가리가 떨어뜨린 먹이와 배설물에서 이득을 얻는다. 사실상 필요한 영양분을 모두 공급받는 것이다. 이렇듯 두 동물은 서로가 없으면 살 수 없는 공생 관계를 제대로 보여주는 사례다.

촉수들이 흔들리는 정원에서 화려한 물고기가 장난치며 놀게 두면 다른 물고기를 먹잇감으로 유인할 수도 있을 것이라는 의견이 있으나, 입증되지는 않았다. 그러나 말미잘이 이 관계에서 얻는 또 다른 이익이 있는데, 그것은 움직임과 관련된다. 흰동가리는 촉수의 안팎을 드나들면서 촉수를 꼬집는다. 그렇게 함으로써 말미잘 전체를 빠짐없이 마사지한다. 이 움직임이 말미잘에게는 굉장히 이롭다. 흰동가리가 바쁘게 왔다갔다함으로써 아주 정적인 숙주 주변의 물을 순환시키고 통기시키는 데 도움이 된다. 결과적으로 말미잘을 건강하고 깨끗하게 유지할 수 있다. 연구에 따르면 흰동가리가 서식하는 말미잘은 그렇지 않은 말미잘보다 더 빨리 더 크게 자라며, 경쟁이 아주 심한 산호초 세계에 엄청난 이익을 준다.

> 흰동가리는
> 숙주에게서
> 멀리 떨어지는
> 법이 없다.

놀라운 비밀

하지만 아직 어떻게 흰동가리가 침에 찔리지 않는지 그리고 어떻게 말미잘이 이 물고기를 적(사실 먹이)이 아니라 유일한 친구로 인정하는 것처럼 보이는지에 대해서는 밝히지 못했다. 여러 가설이 있지만, 아직 명확한 답은 나오지 않았다. 가장 널리 받아들여지는 가설은 흰동가리가 자기 몸을 감싸는 독특한 점액을 생성해서, 말미잘의 자동 공격 시스템이 흰동가리를 인식하지 못한다는 것이다. 그 덕분에 흰동가리는 투명 망토를 입은 것처럼 '유령'이 되어 드나들 수 있다고 한다. 그 밖에도 말미잘의 촉수 사이에 숨을 수 있는 종이 여럿 있지만, 이렇게 자유롭고 자연스럽게 숨을 수 있는 물고기는 없다. 흰동가리의 경우, 말미잘 없이는 생명 자체가 존재하지 않는다. '니모'는 흰동가리를 모델로 한 인기 애니메이션 〈니모를 찾아서〉의 주인공이다. 불쌍한 니모의 여행은 현실 세계에서는 결코 일어날 수 없을 것이다.

당연히 흰동가리는 서식지인 말미잘을 중심으로 생애 주기 전체를 발달시켰고, 때로는 여기에 대식구가 살기도 했다. 흰동가리 가족에서 가장 큰 물고기는 암컷으로, 가족을 지배한다. 그 아래에 수컷들이 있는데, 크기에 따른 계층

구조다. 두 번째로 큰 물고기는 아버지이고, 나머지는 어린 수컷들이다. 이들은 말미잘을 청소하고 안팎으로 드나들면서 청결하게 통기시키고 작은 집단을 보존하는 데 적극적으로 참여한다. 흰동가리는 강박장애(OCD)가 있어서 말미잘뿐만 아니라 그 주변까지도 아주 꼼꼼하게 청소한다. 늘 그렇듯이 최고의 손님은 가장 깔끔한 손님이다.

하지만 흰동가리의 가족생활은 좀 더 낯설다. 예를 들어 큰 암컷이 사라지거나 늙어 죽거나 교활한 포식자에게 잡아먹히면 크기에 따른 계층이 모두 바뀌는 일이 생긴다. 구성원들은 암컷이 안전한 말미잘의 흔들리는 촉수에서 멀리 벗어나는 찰나의 순간을 눈치 있게 기다려야 한다. 암컷이 길을 잃으면, 두 번째로 큰 물고기(우세한 수컷)가 성을 바꾸고 '암컷'이 되어, 곧바로 모계 집단을 접수한다. 그 결과 크기면에서 그다음 수컷이 아버지 역할을 이어받고, 다른 모든 물고기는 사실상 한 계급씩 올라간다. 이런 식으로 집단에서 가장 중요한 지배 구성원이 사라져도 집단은 계속 유지될 수 있다.

이 훌륭한 공생관계가 어느 정도 진화한 것은 당연하다. 일단 흰동가리가 말미잘에 들어오면 절대 없앨 수 없는 것 같다.

가장 큰
흰동가리는
항상 암컷이다.

Chapter 3

거대한 물고기

지구 표면의 약 71%는 물이 차지하고 있고, 그중에서 약 96.5%가 바다다. 따라서 그 넓은 공간을 생각하면 물고기들 중 일부가 어마어마한 크기로 자랄 수 있는 것은 당연하다. 크기면에서는 지구를 빛낸 가장 큰 동물인 대왕고래(*Balaenoptera musculus*)에 견줄 것이 없지만, 그 외에도 일부 물고기는 이에 못지않게 인상적이다. 거대한 어종은 충분히 많으며 역사상 어느 단계에서는 전설과 바다 괴물 신화에도 영감을 주었다. 물론 허구 속의 이런 물고기들에 경외감이 들지만, 여기에서는 현실에 존재하는 더 놀라운 물고기들을 소개하고 싶다.

17

골리앗타이거피시

{Hydrocynus goliath}

일반명
자이언트타이거피시
(giant tigerfish),
mbenga(음벵가[콩고강
주민들이 부르는 용어])

몸길이
약 1.5m

서식지
콩고강 유역

눈에 띄는 특징
큰 이빨

개성
귀신 들림

좋아하는 것
다른 물고기 먹기

특별한 기술
낚시 장비 부수기

보존 상태
관심 대상

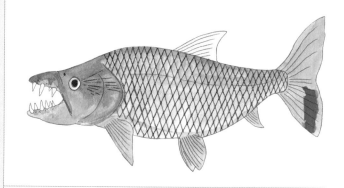

언뜻 보면 이 물고기는 강에서 볼 수 있는 여느 담수어처럼 보이지 않는다. 몸길이가 1.5m, 무게가 50kg에 달하니 확실히 크다. 테트라, 피라냐와 함께 조기어류목(the ray-finned fish order)에 속하는 이 어종의 가장 눈에 띄는 특징은 단연 이빨이다. 골리앗타이거피시는 악몽에 잘 나올 뿐만 아니라 현실 세계에서도 우리를 괴롭힐 수 있다.

사람의 평균 치아 개수는 32개인데, 골리앗타이거피시 역시 32개의 이빨을 갖고 있다. 하지만 어금니와 송곳니 종류가 안전하게 있지 않고, 모두 크기와 외형에서 나일악어(나일강에 분포하는 악어)의 이빨과 비슷하게 뾰족한 단도 모양이다. 이 이빨들은 다른 종의 커다란 물고기들을 물어뜯고 그 살을 찢어 버리도록 진화했다.

콩고강의 괴물

아프리카 중서부에 흐르는 콩고강은 광대하고 웅대한 하천으로, 허구와 현실 모두에서 괴물이 숨기에 더할 나위 없이 좋다. 골리앗타이거피시는 '자이언트 타이거피시'로도 알려져 있고 현지어로는 음벵가(mbenga)라고 하는데, 대충 번역하면 '위험한 물고기'라는 뜻이다. 이 물고기의 몸에 들어가 무시무시한 괴물이 된다는 악령의 이름에서 유래했다. 이들의 서식지는 깊고 어두운 수로에 산재한 많은 큰 폭포와 급류 사이에 있다. 이곳은 위험한 여러 곳들 중에서도 가장 위험한 장소라고 할 수 있을 것이다. 음벵가는 소용돌이와 괸 물에서 기다리고 있다가 물살에 허우적대거나 소용돌이로 굽이치는 급류 때문에 방향을 잃은 다른 어종의 물고기들을 노린다. 길 잃은 물고기들은 시끄러운 물소리에 더욱 혼란스러울 수 있다. 혹여 골리앗타이거피시의 서식지가 어디인지 알아도, 그들을 잡기란 여전히 쉽지 않다. 가장 크고 현대적인 낚시 바늘에 미끼를 달아도, 이 물고기의 입 부분은 날카로운 이빨로 가득 차서 다른 것이 들어갈 공간이 많지 않다.

콩고강 유역 현지 낚시꾼들은 음벵가를 잡을 계획을 세우지 않는다. 음벵가가 사는 곳이 복잡하고 불안정한 곳이라서가 아니라 힘이 세서 그 이빨에 그물이 갈기갈기 찢기고 최신식 낚시 도구도 박살날 것이기 때문이다. 솔직히 말해서 그곳에는 음벵가 말고도 더 쉽게 잡을 수 있고 더 맛있는 물고기들이 많다. 콩고강에는 수백 종의 물고기가 있고, 그중에는 분두메기(*Heterobranchus longifilis*, 공기를 흡입하는 거대한 메기), 서아프리카폐어(*Protopterus annectens*), 80종이 넘는 시클리드과(Cichlidae)를 포함하여 식용으로 적합한 다른 어종도 많다. 또한 이 강은 아주 대형 크기인 서아프리카악어(아마 이 하천에서 골리앗타이거피시에게 덤빌 수 있는 유일한 동물)의 원산지이기도 하다.

골리앗타이거피시는
악몽에 자주
등장한다.

개와 호랑이

처음 과학적으로 연구되었던 1898년부터 골리앗타이거피시의 학명은 약간 혼동을 일으킨다. 'Hydrocynus'를 번역하면 문자 그대로 '물개(water dog)'라서, 가장 널리 사용되는 영어명인 '타이거피시(tigerfish)'와 확실히 상충된다. 그러나 밀접한 관련은 있지만 골리앗타이거피시보다 훨씬 흔하고 비교적 작은 아프리카타이거피시(Hydrocynus vittatus)는 꼬리에 줄무늬가 있고, 둘 다 라틴어 이명식 이름이 붙여지기 전부터 이미 '타이거피시'로 알려져 있었다. 19세기에 벨기에-영국 출신 박물학자 조지 앨버트 불렌저(George Albert Boulenge)는 골리앗타이거피시에 대해서 처음으로 기술하였다. 어둡고 불명예스러운 식민지 시대였던 당시에 이 지역은 벨기에령 콩고로 알려졌고, 불렌저는 서아프리카에 연줄이 많았다. 그는 어류 1,096종, 양서류 556종, 파충류 875종 등 아주 많은 동물에 이름을 붙이고 특징을 기술했다. 그의 경력 중에서 골리앗타이거피시는 아주 흥미진진한 대상이었을 것이다.

　타이거피시는 치열과 근육조직 같은 부분은 강인하지만, 그 생명력은 예민하다. 그들은 주로 따뜻하고 유속이 빠르며 산소가 풍부한 민물에서 발견되며, 최적의 조건에 미치지 못하는 환경에서는 힘들게 살아간다. 따라서 이 종이 존재한다는 것은 하천이 깨끗하다는 좋은 지표다.

　이 종은 아주 완고한 정주형(강 집수지에서 자기 구역을 고수하는 것) 어류이기 때문에, 생물학자들은 어떻게 타이거피시가 그 많은 장소에 가게 되었는지에 대하여 오랫동안 다양한 가설을 내세웠다. 타이거피시가 속한 속에는 다섯 종이 있다(게다가 공식적인 기술과 명명을 기다리는 5개의 '수수께끼 종'이 더 있다). 나일타이거피시(Hydrocynus brevis)는 나일강에, 블루타이거피시(Hydrocynus tanzaniae, 가장 최근인 1986년에 기술되었다)는 탄자니아의 루아하국립공원 등지의 강에 서식하고, 긴타이거피시(Hydrocynus forskabl-

골리앗타이거피시의 이빨은 악어처럼 턱 안쪽에서 아래위가 꼭 맞지 않는다.

ii)는 서아프리카의 많은 지역에서 발견된다. 한편 앞에서 말한 아프리카타이거피시는 사하라 사막 이남 아프리카의 많은 곳에서 흔하게 볼 수 있다. 계속해서 바뀌는 강의 특징 때문에 많은 담수 어종이 강하게 진화했다. 일부 메기종은 늪과 지류를 헤엄쳐 갈 수 있거나 육지를 가로지를 수 있을 정도로 강인하다. 그래서 이런 의문이 남는다. 사악하지만 까다로운 타이거피시가 어떻게 이 먼 외딴곳까지 왔을까?

이동하는 서식지

그 답은 판구조론에서 찾을 수 있다. 아프리카는 수백만 년 동안 지진 활동이 활발하게 일어난 지역이었다. 아프리카 대지구대, 화산이 연달아 있는 비룽가 산맥, 오카방고 삼각주는 융기와 격변의 아프리카 지질 역사를 잘 보여주는 놀라운 증거다. 생물학자들은 타이거피시가 아주 광범위하게 분포하게 된 원인이 궁극적으로 이런 거대한 대륙판의 움직임에 의해서라고 생각한다. 대륙판의 움직임은 강의 물길을 모두 바꾸고 소수의 타이거피시를 차츰 새로운 지역과 서식지로 이동시키고 분열시키고 고립시켰다. 시간이 지나면서 이렇게 고립된 타이거피시에서 새로운 종이 생성되었고, 이제 새로운 종은 그들의 조상 개체군과 교배할 수 없다. 설령 교배할 수 있다 해도, 교배종은 번식되지 않고 자기 종만 번식시킬 수 있다.

> 아프리카에서 지질학적으로 엄청난 대사건이 일어날 때마다 적어도 하나의 새로운 타이거피시 종이 진화했다.

최신 게놈 해석 기술을 사용하면 이러한 진화적 분리가 언제 일어났는지 정확하게 알아낼 수 있다. 아프리카에서 지질학적으로 엄청난 대사건이 일어날 때마다 적어도 하나의 새로운 타이거피시 종이 진화한 것으로 보인다(이런 사건은 수천 년에 걸쳐서 점진적으로 일어난다는 점을 기억하길 바란다). 따라서 유전적 차이로부터 각종의 연령을 판정하면 진화적 사건이 언제, 어떤 순서로 일어났는지를 대략적으로 알 수 있다. 이렇게 보면 타이거피시가 아프리카의 지질 역사를 밝히는 데 도움이 될 수 있을 것 같다. 세상에 잘 알려지지 않은 '무섭게 생긴' 민물고기의 큰 업적이다.

18

후드윙커개복치

{Mola tecta}

일반명
달물고기(프랑스),
수영하는 머리(독일),
덩어리물고기
(덴마크, 핀란드)

몸길이
최대 4.2m

서식지
남반구

눈에 띄는 특징
부리처럼 생긴 이빨

개성
포식성

좋아하는 것
일광욕

특별한 기술
산란

보존 상태
미평가

이상하고 괴상한 모양의 개복치를 빼놓고는 놀랍고 다양한 어종들에 대한 이 뿌듯한 책을 완성하지 못했을 것이다. 다방면에서 개복치는 물고기보다는 '미래의 잠수기' 또는 '우주선 디자인'과 더 닮았다. 후드윙커개복치와 친척 관계이고 무게가 1톤이나 되는 개복치(*Mola mola*)는 지구상에서 뼈가 가장 무거운 물고기다. 가장 큰 개복치의 경우 지느러미 길이가 4.2m까지 될 수 있는데, 이는 대략 높이는 코끼리만큼 크고 너비는 런던의 시내버스 정도 된다. 그래도 개복치는 너무 우스꽝스럽고 꼴사납게 생겨서 도대체 어떻게 살아남을 수 있는지 이해하기 어렵다. 그 모습을 한 번이라도 봤다면, 개복치의 흥미롭고 독특한 생활방식에 전혀 놀라지 않을 것이다.

후드윙커개복치(그 모습이 독특할 뿐만 아니라 온대와 열대 바다 어디에서나 볼 수 있기 때문에 대부분의 사람이 알아보는 형태)와 함께, 혹개복치(*Mola alexandrini*)라고 알려진 유사한 종이 남반구에 있다.

숨어서 기다리다

후드윙커개복치(여기에 실린 그림)는 아주 최근에서야 발견된 개복칫과의 3개 종 가운데 가장 최근에 발견되었다(해수면에서 서식하는 이 큰 물고기를 어떻게 보지 못했는지 판단하기 힘들기는 하다). 대부분의 개복치는 바다에서만 볼 수 있지만, 간혹 개복치가 해변에 밀려오는 경우도 있다. 그 예로 2015년 뉴질랜드 크라이스트처치의 한 해변에서 꼼짝도 못한 채로 발견된 후드윙커개복치 표본이 있다.

박물관의 어류학자들은 이내 이것이 새로운 종, 즉 130년 동안 발견하지 못하던 최초의 동종임을 알아챘다. 이 종에게는 후드윙커개복치라는 이름이 붙여졌다. 오랫동안 '혹개복치'와 '개복치' 개체군 사이에 숨겨져서 알려지지 않은 상태였기 때문이다(후드윙커개복치의 학명인 '*tecta*'는 '숨겨진'이라는 뜻의 라틴어이다). 이 새로운 종은 친척 관계인 혹개복치가 서식하는 바다의 일부를 공유하여 오스트레일리아와 뉴질랜드, 칠레는 물론 저 멀리 남아프리카공화국 앞바다에서도 발견된다.

후드윙커개복치는 더 유명한 나머지 두 종과 달리 표면에 혹이나 함몰된 부분이 거의 없이 매끄러워서 세 종 가운데 가장 접시와 유사하게 생겼다. 그러나 개복치는 진화적 혈통으로 인해 다소 이상해 보인다. 이들은 의당 이상하게

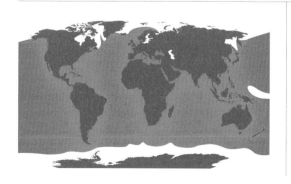

가장 큰
개복치의 경우
지느러미
너비가
런던 버스만큼
넓을 수 있다.

생긴 복어, 가시복어와 같은 목에 속해 있다.

사람들은 개복치의 몸체 윤곽이 유별나게 편평한 원형으로 접시처럼 생긴 이유가 일반적으로 해류를 운송 수단 삼아 연료를 적게 쓰면서 효율적으로 떠다니기 위해서라고 생각한다. 이렇듯 자유롭게 떠다니는 생활방식은 이들의 먹이인 해파리와 살파(자유롭게 헤엄치는 반투명의 무척추동물로, 멍게, 피낭류와 관계있다)를 찾는 데 필요한 것이다. 살파는 현존하는 가장 단순한 척삭동물(개복치와 인간 같은 척추동물이 속한 더 큰 집단)이며, 잘 변하는 해류에 따라 정처 없이 떠다니는 긴 젤리 끈처럼 생겼다(여러 면에서 바다를 떠다니는 거대한 개구리알처럼 보인다).

최근에 보다 자세하게 이루어진 연구에 따르면, 개복치가 해류에 끌려다니기만 하고 방향성이 없다는 생각은 그릇된 추론임이 밝혀졌다. 실제로 개복치는 해수면에서 수십 미터 아래까지 상하 이동을 하면서 오징어, 물고기, 갑각류를 잡으려고 그 뒤를 쫓아다니는 활동적인 포식자다. 이들은 주로 해파리와 살파를 먹지만, 그것만 먹이로 삼는 것은 아니다.

> 개복치는
> 척추동물 중에서
> 가장 많은
> 알을 낳는다.

성장이 빠른 거대한 개복치

개복치에 대한 첫인상은 놀랄 정도로 큰 크기에 좌우된다. 그 덩치와 길이에 도달하려면 개복치가 오래 살면서 아주 천천히 성장할 것이라고 생각할지도 모른다. 다른 많은 동물들이 그렇듯이 말이다. 하지만 새끼 때 구조되어 캘리포니아주 몬테레이 베이 수족관에 있던 개복치는 불과 일 년 만에 25kg에서 400kg의 괴물로 자랐다. 12개월 동안 16배나 커진 것이다. 개복치에게 줄 해파리 먹이를 그렇게 가득 채울 것이라고 누가 생각이나 했을까? 넓은 바다처럼 움직이지 못하고 사로잡힌 상태에서 규칙적인 먹이 때문에 이렇게 자란 것은 분명 아니었다. 그래서 과학자들은 개복치의 게놈을 연구했고, 이 물고기의 급속한 성장의 비밀일 수 있는 유전자 서열을 확인했다. 그들은 성장 호르몬과 인슐린 생성에 밀접하게 연관된 유전자를 선정했다. 개복치의 빠른 성장이 진화적으로 유리한 점이 있는 것 같기는 한데, 아직 그 이유는 알려지지 않았다.

지금쯤 왜 개복치속(*Mola*) 물고기를 영
어로 'sunfish'라고 하는지 궁금할 것이다.
이 어종은 노란색도 아니고 특별히 격렬한
기질도 아니지만, 하는 일이 해수면에 떠
다니면서 햇볕을 쬐는 것이다. 이때 항해
중에 그들과 우연히 마주치게 된 대부분
의 사람들은 당연히 개복치가 그냥 해류를
따라 떠다닌다고 생각하게 되었다. 이렇게
일광욕을 하는 목적은 근본적으로 개복치
는 어둡고 깊은 차가운 바닷속으로 다이
빙을 한 후 몸을 데우는 것이다. 따뜻한 햇
살 아래 옆으로 누워 떠서 가장 넓은 면적
을 태양복사에 노출시키면 태양열을 빠르
게 흡수할 수 있다. 어떤 사람은 이 물고기
를 배불뚝치(moonfish)라고 하는데, 아마
헷갈려서 그런 듯하다. 하지만 가까이에
서 보면 종종 유령 같은 흰색이어서 그 이
름이 바로 이해된다. 이 물고기의 독일어

이름인 'Schwimmender Kopf'는 좀 더 암시적이다. 이것을 영어로 번역하면
'swimming head(헤엄치는 머리)'이며, 폴란드 이름 'samogłów'(lonely head, 외
로운 머리)에 가까운 개념이다. 중국어는 시각을 달리하여 '뒤집힌 수레바퀴 물
고기'라고 부른다.

또한 놀랍게도 개복치는 척추동물 중에서 가장 많은 알을 낳는다. 한 번에
약 3억 개의 알을 만들 수 있는 것으로 추정된다. 뿐만 아니라 이들은 복어와
불가사리가 이종교배하여 태어난 것 같은 모양의 아주 작은 유생으로 부화하
여 세상에 나온다. 태어날 때는 쌀알 정도의 무게에 몇 밀리미터에 불과한 크
기지만, 나중에는 바다에서 가장 무거운 어류가 된다. 치어에서 다 자란 개복치
가 되기까지 무게가 무려 6,000만 배나 증가한다.

19

울프피시 아이마라

{Hoplias aimara}

일반명
앙후마라(Anjumara)

몸길이
최대 1m

서식지
남아메리카의 강

눈에 띄는 특징
빛나는 눈

개성
잠복하는 사냥꾼

좋아하는 것
어둠

특별한 기술
은밀한 공격

보존 상태
미평가

여기에 여러분이 들어보지 못했을 거대한 물고기가 있다. 바로 '앙후마라'라고도 알려진 울프피시 아이마라다. 내가 이 어종을 소개하는 이유는 그냥 덜 알려진 물고기들 중에서 내가 가장 좋아하는 종이기 때문이다. 남아프리카의 강에서 아이마라가 밤에 먹이를 찾아 배회할 때는 위험하니 거기에 있으면 안 된다. 심지어 피라냐도 서둘러 숨는다.

가장 먼저 주목할 점은 울프피시 아이마라가 늑대만큼 사납지는 않다는 점이다. 아마 두려울 것이 거의 없는 힘세고 강력한 육식동물인 로트와일러(덩치가 크고 사나운 개)나 마스티프(털이 짧고 덩치가 큰 개) 정도 될 것이다. 이 어종의 대담함은 중앙아메리카 수리남의 아메리카 원주민 트리오족이 입증해준다. 트리오족은 물가에서 물을 튀기며 소동을 일으켜서 아이마라를 잡는다. 소란이 일기 시작하면 대부분의 물고기는 달아나기 십상이지만, 아이마라는 피하지 않고 오히려 종종 소란이 이는 곳을 향해 다가온다. 그곳에 곤란에 처한 동물이나 다른

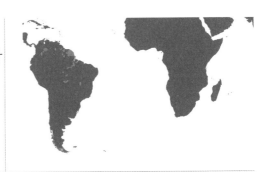

울프피시 아이마라가
먹이를 찾아 배회할
때는 피라냐도
서둘러 숨는다.

물고기가 있을 것이라 여기고 기회주의자처럼 그 불운한 동물을 먹잇감으로 삼기 때문이다. 물론 이 경우 대개는 트리오족의 화살에 맞아 끝나지만, 아이마라의 공격성을 잘 보여주는 사례다.

스스로 모습을 드러내는

아이마라는 탐욕스럽다. 대개 물고기를 잡아먹지만, 새부터 뱀, 도마뱀까지 거의 모든 동물을 공격한다. 점프를 하다가 실수로 나뭇가지 끝에서 물에 떨어진 원숭이에 대한 이야기를 들은 적이 있다. 원숭이가 물에 떨어지자 아이마라 한 마리가 원숭이 꼬리를 한입에 물어뜯었다. 아이마라의 이빨(위턱과 아래턱의 송곳니와 아주 흡사한 이빨 포함)은 아주 뾰족하고, 뼈만 앙상한 강한 턱은 거의 곰덫처럼 작동한다. 언뜻 보기에는 이빨이 두툼한 입술 뒤에 숨겨져 있어서 피라냐의 이빨처럼 무섭게 보이지 않지만 반드시 내 말을 믿어야 한다. 입술 뒤에는 무서운 이빨이 감춰져 있다!

아이마라의 가장 무시무시한 점은 눈에서 빛이 반사되는 방식이다. 어떻게 보면 고양이 눈과 비슷하다. 저녁에 열대우림 강가에서 횃불을 비추면, 가끔 당신을 향해 작게 빛나는 빨간빛 두 개를 보게 될 것이다. 카이만의 눈도 이렇게 빛이 반사되는 특징이 있지만, 악어의 눈은 대개 물위에 있다는 것이 다르다. 아이마라가 사람을 죽일 가능성은 없지만, 길이가 3cm나 되는 뾰족한 이빨로 중상을 입힐 수는 있다. 수족관 관리자들은 이들을 다룰 때 반드시 장갑을 끼지만 애완동물처럼 소중하게 대하며, 당연히 넓은 공간과 많은 보살핌이 필요하다. 얕은 곳에 있다고 안전할 것이라고 생각해서는 안 된다. 울프피시 아이마라는 원하는 곳은 어디든 돌아다닌다. 어제 노를 저으며 놀던 곳에 아무것도 없었다고 오늘도 없으리라고 생각해서는 곤란하다.

잔인한 행동

남아메리카 북부와 중앙아메리카 지역은 12월부터 3월까지가 우기다. 아이마라는 해마다 우기가 되어 강 수위가 가장 높아지면 번식을 위해 회유한다(트리니다드섬에서 발견되기도 한다). 수리남에서는 개울을 향해 올라가는데, 간혹 좁은 수로 입구에서 물이 충분히 불어나기를 기다리기도 한다. 이런 민물 회유 충동을 하천 회유(산란을 위해 산란 장소로 이동을 하는데, 하천에서만 회유하는 것이 하천 회유다. 참고로 바다에 살다 산란을 위해 강물을 거슬러오르는 어류는 '소하성 어류'라고 한다.—역주)라고 한다. 우기에 상류로 회유했던 아이마라가 건기에는 영역 주장이 상당히 강할 수 있고, 그래서 가뭄으로 아주 얕아진 개울물에서 발견되기도 한다. 겨우 발목 정도 깊이의 강물에 약 23kg의 물고기가 숨어 있을 수 있다. 이때 방해를 받으면 갑작스럽게 물보라를 일으켜 주변을 놀라게 할 수 있다.

아이마라는 자주색을 띤 검은색부터 황금색까지 색상이 다양한데, 심지어 같은 강에 사는 개체 간에도 다르다. 이들은 이따금 수중 동굴에 숨어서 휴식하기도 하고, 종종 강기슭에서 다른 물고기들을 찾는 사람을 놀라게 하기도 한다. 원주민들은 손쉽게 작은 메기를 잡아먹으려고 하다가 아이마라에 기겁을 하고 물리는 일이 자주 있다. 베네수엘라에서 아이마라가 폭포와 급류 근처에서 발견되었다는 보고가 있다. 나는 낮에 잔잔한 물에서도 이 물고기를 본 적이 있는데, 이 물고기는 낮에 충분히 쉬었다가 밤이 되면 사냥을 위해 급류를 향해 올라갔을 가능성이 있다.

같은 강에서 잡았어도 아이마라의 색상은
다양할 수 있다.

위협받고 있는 사냥꾼

남아메리카 북대서양 연안의 프랑스령 기아나 같은 일부 지역에서는 하천에서 가장 흔하게 볼 수 있는 어종이 아이마라다. 실제로 수리남의 일부 지역에서는 거대하게 떼를 이룬 아이마라를 볼 수 있었다. 그런데 그 지역의 어부들이 고기가 맛있고 가시도 많지 않은 데다 겁도 없고 사람들이 첨벙대며 시끄럽게 해도 신경 쓰지 않아서 그 물고기를 많이 잡고 싶어 했다. 큰 강에서 그물과 덫으로 한꺼번에 엄청나게 많이 잡을 수 있는데, 이렇게 하면 그곳의 개체군이 아주 짧은 시간에 몰살될 수 있다.

아이마라가 직면한 또 하나의 위협은 금 채광이다.

현재 아이마라가 직면한 또 하나의 위협은 금 채광이다. 금광업에 대한 규제가 다소 약한 가운데, 암석에서 금을 채취하는 과정에서 유독한 화학물질들이 사용된다. 그 주된 물질 중에 수은이 있는데, 환경을 가장 많이 오염시키고 해로운 이 화학물질이 자연의 수계에 흘러들어갈 수 있다. 수은은 지하수면에 장기간 남아 있는 유해한 물질로, 아주 소량이라도 먹이사슬의 가장 밑에 있는 무척추동물에 들어갈 수 있다. 작은 물고기가 이 무척추동물을 먹고 다시 큰 물고기가 작은 물고기를 먹으면, 결국 아이마라 같은 최상위 포식자의 몸속에는 많은 양의 수은이 축적된다. 사태가 뜻밖으로 심각하게 전개되면 수은이 축적된 많은 식용 어류를 인간이 먹고, 이번에는 인간이 중독될 수 있다. 불행히도 물고기는 많은 농촌 주민들의 주된 먹거리다. 수은 중독은 끔찍한 병으로, 영구 신경 손상으로 이어질 수 있는 생리적 증상도 많다. 이 문제에 대하여 현실적으로 가능한 유일한 해결책은 일종의 면허와 규제 도입이다. 그러나 광업은 대개 접근이 어려운 오지에서 이루어지며 여러 나라를 흐르는 오염된 강을 규제하기란 현실적으로 어렵다.

20

대왕쥐가오리

{Mobula birostris}

일반명

자이언트 만타가오리
(giant manta ray),
데블피시(devilfish)

몸길이

가로로 최대 7m

서식지

전 세계 열대와
온대 바다

눈에 띄는 특징

날아다니는 뿔
달린 망토 같음

개성

친밀함

좋아하는 것

플랑크톤

특별한 기술

회전하며 먹기

보존 상태

멸종 위기

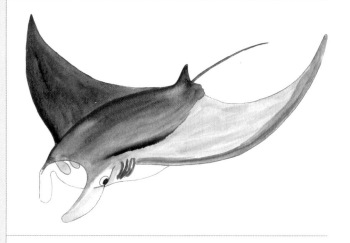

대왕쥐가오리는 대부분의 사람들이 한눈에 알아볼 수 있는 물고기 중 하나다. 이 물고기는 거대한 우주선처럼 심해에서 위로 솟아오른다. 그 생태를 연구하다 보니, 51구역(미국 네바다주에 있는 공군비밀기지로, 외계인 연구 등을 수행한다고 한다—역주)만큼이나 비밀이 넘치는 것 같다.

역사적으로 만타가오리(manta ray)를 데블피시라고 불렀지만, 귀신고래와 문어, 다른 물고기들도 데블피시라고 불렀다. 여기저기 남용되는 이 비공식적인 이름은 만타가오리의 가장 눈에 띄는 물리적 특징에서 비롯한다. 그것은 얼굴 양옆에 있는 두 개의 머리지느러미(또는 덮개)다. 이것은 안으로 구부러진 뿔처럼 생겼고, 그래서 '사악'해 보인다. 만타가오리는 검은 색이기도 하며 날아다니는 망토처럼 생겼다. 만타(manta)는 스

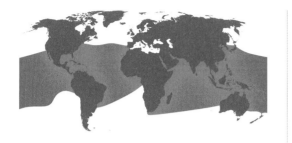

만타가오리는 거대한
우주선을 연상시키는
방식으로 심해에서
위로 솟아오른다.

페인어와 포르투갈어로 '망토'라는 뜻이다.

물속의 알바트로스 새

세 종의 만타가오리는 매가오리목(Myliobatiformes)에 속한 어류들 중에서 가장
크며, 쥐가오리과(Mobulidae)에 속한다. 날개가 대단히 커서 그 길이가 무려 7m
에 달한다. 참고로 조류 중에 가장 큰 새인 로열알바트로스의 날개 길이는 최대
3.7m다.

1987년까지 이 물고기에 대한 가장 큰 비밀은 예전의 가설과 달리 만타가오
리 종이 하나가 아니고 사실 두세 종이라는 것이었다. 가장 큰 종은 대왕쥐가오
리이며, 암초대왕쥐가오리(*Mobula alfredi*)는 그 크기가 좀 더 작고 해안에 더 가
깝게 서식한다. 암초대왕쥐가오리는 1848년에 처음 기술되었지만 2009년에서
야 별도의 종으로 최종 확인되었다.

플랑크톤을 찾아서

고래상어(102~105쪽 참조)나 돌묵상어(*Cetorhinus maximus*) 같은 많은 거대 해양
어류처럼, 만타가오리도 바다의 가장 작은 생물체인 플라크톤을 수 톤씩 먹는
다. 플랑크톤은 식물성 플랑크톤(광합성 조류로 구성)과 동물성 플랑크톤(동물, 특
히 불가사리와 게, 물고기, 해파리의 유생으로 구성)이라는 용어로 분류된 아주 미세한
식물과 동물로 이루어진 복합체를 포괄적으로 뜻하는 용어다. 플랑크톤은 전

세계 바다에서 밀도가 높고 복잡하지만 영양가 높은 살아 있는 '수프'를 만드는데, 그 수가 아주 많아서 우주에서도 플랑크톤 띠를 볼 수 있다. 플랑크톤 군집은 해류와 용승(해수가 하층에서 표층으로 이동하는 현상—역주)에 따라 떠다닌다. 이런 수동성 때문에 플랑크톤 떼는

다른 많은 가오리 종들과 달리 만타가오리의 꼬리에는 가시가 없다.

종종 집중적으로 몰려들어 거대하고 아주 조밀한 무리를 만든다. 만타가오리가 어쩌다가 플랑크톤 무리를 만나면, 입을 벌리고 원을 그리며 돌면서 가능한 한 많은 플랑크톤을 걸러내어 아주 우아하게 먹는다. 이것은 내가 생각할 수 있는 '과식' 방법 중에 가장 손쉬운 방법이다. 일단 잔뜩 먹은 후에는 소화를 위해 거만하게 미끄러지듯 헤엄쳐 간다.

위협적인 다이빙

덩치가 그렇게 엄청난데도 만타가오리는 종종 수족관 속에 들어가 있고 사람들 앞에서 편안해 보이기까지 한다. 이는 아마도 대부분의 다른 어류보다 지능이 높다는 지표일 것이다. 생물학자들은 실제로 만타가오리의 뇌가 그들 종족 중에서 가장 크다는 사실을 알아냈다. 이렇게 사람에 대해 내성이 있다는 점은 때때로 수중 관광에 도움이 된다. 계획과 관리만 제대로 된다면 관광을 통해 보존할 동기를 부여할 수 있고, 사람과 만타가오리 모두에게 유리할 수 있다.

이러한 '개발'의 가장 큰 위험은 인기가 높다는 점이다. 남태평양 프랑스령 폴리네시아의 보라보라섬은 만타가오리 무리가 자주 출몰하는 곳으로 유명한데, 야간 다이빙의 '확실한 볼거리'로 인기가 많다. 다이빙을 하는 사람들은 머리 바로 위에서 휙 하고 지나가는 거대한 물고기를 보며 짜릿한 기분을 느꼈다. 그러나 점점 많은 사람이 이 멋진 경험을 원하고 거액을 지불할 준비를 함에 따라, 이를 극복할 수 없었던 많은 만타가오리는 지나친 방해 때문에 이 지역을 버리고 떠났다. 만타가오리는 지금도 그곳에 있지만, 그 인기는 예전 같지 않다.

그러나 만타가오리에게 관광보다 더 심각하게 악영향을 주는 것이 있다. 이 거대하고 멋진 동물은 최근 중국의학 때문에 곤란을 겪고 있다(중국의학은 그 역사가 2천 년이나 되지만 그중에 아주 '전통적인 것'은 거의 없다). 만타가오리의 아가미를 긁어모으고 다니는 사람들의 주장에 따르면, 그 아가미에 비범한 치유력이 있다고 한다. 그래서 마다가스카르, 필리핀, 인도네시아, 파키스탄 등 만타가오리가 무방비 상태로 있는 지역의 어업종사자들은 시장에 공급하기 위해 이 어종을 마구 남획하고 있다.

대왕쥐가오리를 구하라

그나마 희소식은 많은 정부가 만타가오리 남획을 억제하기 위해 노력하고 있다는 것이다. 몰디브가 1995년에 선두에 나섰고, 2007년에 멕시코가 그 뒤를 이었으며, 2009년에는 필리핀과 하와이가 동참했다. 그러나 이렇게 이익이 큰 지하산업에서 법률을 집행하는 것은 여전히 어렵다. 가장 좋은 뉴스라고 해봤자 아마 광범위하게 해양보호구역을 설정하는 것이다. 만타가오리는 그 구역에서 번성할 것이고, 많은 사람이 그곳을 여행하며 그들을 즐길 준비를 하고 있다.

만타가오리는 번식이 아주 느리기 때문에 매년 만타가오리 개체군이 입는 피해가 점점 심화되고 있다. 이들은 한 번에 한두 마리의 새끼만 낳는다(한 마리가 일반적이다). 임신기간도 꼬박 일 년을 채워서, 그랜트얼룩말 같은 임신기간이 가장 긴 포유류만큼이나 길다. 임신은 암컷을 열렬히 추종하는 수컷들에 의해 암컷의 자궁 안에서 난자가 수정되면서 시작된다. 흥미로운 점은 대양에서 이 수컷들이 일렬종대로 줄을 서서 암컷을 쫓아다니면, 암컷이 성페로몬을 물에 발산하여 수컷을 흥분시킨다는 것이다. 암컷의 자궁에서는 젖과 비슷하게 영양가 있는 함산소 분비액이 만들어져서 일 년 후 새끼가 태어날 때까지 뱃속의 새끼를 먹인다. 새끼는 자기 날개로 몸을 감싼 모습으로 태어나는데, 물속에서 처음으로 날개를 펼친 뒤 부모의 모습 그대로 상층의 푸른 바다를 향해 바로 치솟아 오른다.

만타가오리는
유순해서
수족관 안에
잘 들어가 있는다.

21

리본이악어

{Regalecus glesne}

일반명
대왕산갈치,
태평양산갈치

몸길이
최대 8m

서식지
외해

눈에 띄는 특징
붉은 등지느러미

개성
알려지지 않음

좋아하는 것
크릴

특별한 기술
수직 이동

보존 상태
관심 대상

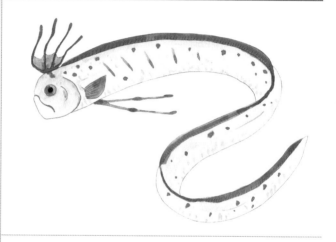

놀랍도록 기묘하고 이상하며 거대한 리본이악어는 제3장에 포함될 자격이 충분하다. 이 어종은 물고기 중에서 확실히 크지만, 단순히 크다는 것으로만 평가하기 어렵다. 우리가 기괴하게 생긴 리본이악어를 만날 때는 항상 해안가로 밀려왔거나 바다에 둥둥 떠서 죽었거나 죽어가는 상태다. 그래서 팔팔하게 살아 있는 산갈칫과의 이 물고기를 본다는 것은 극히 드물고 운 좋은 사건이다. 그만큼 인간 문화에서 중요한 자리를 차지한다. 길고 두툼하지만 끝으로 갈수록 가늘어지는 몸 형태가 바다뱀에 대한 신화와 전설의 원천이라는 것은 거의 확실하다. 길고 구불구불한 몸은 그런 이야기들에 영감을 주기에 충분하며, 수탉의 볏처럼 생겨서 눈길을 사로잡는 머리 꼭대기의 붉은 지느러미는 모습을 더욱 독특하게 만들어준다. 공식 기록으로 가장 긴 이 물고기의 몸길이는 8m지만, 전해지는 이야기로는 11m에 달한 사례도 있다. 리본이악어 몸은 아주 가늘고 끝으로 갈수록 가늘어지며, 몸을 따라 등지느러미가 길게 물결친다. 또 머리에는 섬유질의 길고 붉은 지느러미 한 개가 있고, 비슷하게 생긴 긴 배지느러미 두 개와 땅딸막한 가슴지느러미 두 개가 서로 인접해 있는데, 가슴지느러미는 배지느러미에 거의 감춰져 있다. 이 지느러미들이 노(oar)와 비슷해서 산갈치(oarfish)라는 이름이 붙여진 것은 거의 확실하다.

일본의 민속 문화에서는 리본이악어와 친척 관계인 산갈치(*Regalecus russelii*)를 용궁에서 보낸 사절이라고 여겼다. 일본 신화에서는 이 산갈치가 나타나면, 쓰나미나 지진 같은 지질적 대격변이 다가오고 있다는 경고라고 한다. 2011년에 지진으로 인한 거대한 쓰나미로 발생한 후쿠시마 원자력 발전소 사고가 일어나기 몇 년 전에 산갈치가 해변에 밀려오기도 했고 그물에 잡히기도 했다. 미신을 좋아하는 사람들은 두 사건을 서로 연결지었다. 아직까지 산갈치가 지진 활동에 반응한다는 것을 과학적으로 입증한 실질적인 증거는 없지만, 많은 종의 물고기가 그런 사건에 아주 예민하다는 것을 알 수 있다. 따라서 그냥 전설이 아니라 그 이면에는 진실도 약간 있을 수 있다.

앞이 아니라 위를 향해 노를 저어라

산갈치의 색다른 배지느러미의 목적을 둘러싸고 많은 추측이 있는데, 이 지느러미는 몸의 앞쪽 밑면에 있는 두 개의 긴 섬유질처럼 보일 수 있다. 옛날 선원들은 산갈치가 바닷물을 가르고 나아가기 위해 이 지느러미를 노처럼 이용하

팔팔하게 살아 있는
산갈치를 본다는 것은
극히 드문 일이다.

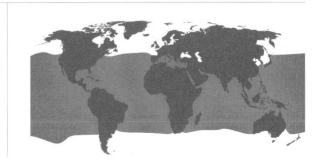

여 헤엄을 친다고 생각했다. 아무리 생각해도 가능성이 없을 것 같지만 어쨌든 이 의견에 따라 산갈치라는 이름이 붙여졌다. 그러나 2010년에 역사상 처음으로 살아 있는 산갈치가 헤엄치는 모습이 목격되었고, 이 물고기가 헤엄치는 방법에 대한 억측은 모두 사라졌다.

멕시코만에서 운영되는 SERPENT(Scientific and Environmental ROV −Remote Operated Vehicle −Partnership Using Existing Industrial Technology, 현재 산업기술을 이용한 과학환경 원격 작동 잠수정[ROV] 파트너십) 프로젝트가 시도되었다. 이 프로젝트는 가능하다면 수중 생물을 관찰하고 새로운 발견을 하기 위해 여러 분야(주로 이런 종류의 장비에 많이 투자하는 석유 산업과 광업이긴 하지만)의 수중 기술을 이용한 것이다. 이 프로젝트를 통해 해결된 미스터리 중 하나는 산갈치의 이동 방법에 대한 비밀이었다. 당시 연구자들은 멕시코만의 자연환경, 즉 외해의 중심해수층(어두운 심층과 햇빛이 비치는 상층 물기둥 사이의 중간대)에서 건강한 리본이악어가 헤엄치는 독특한 장면을 포착했다. 수심 460m에서 뱀장어처럼 꾸불꾸불한 몸을 이용하여 수평으로 헤엄치는 것이 아니라 수직으로 움직이는 것이 처음으로 발견된 것이다. 그러니까 머리를 해수면 쪽을, 꼬리는 아래쪽을 향한 채로 헤엄치고 있었다.

대부분의 육상 동물은 발로 땅을 딛고 한 평면에서 존재하기 때문에, 우리는 앞으로, 뒤로, 옆(오른쪽과 왼쪽)으로 움직일 수 있다. 하지만 하늘을 나는 새들처럼, 거의 모든 물고기는 모든 방향으로 움직일 수 있는 3차원 세계에서 살아간다. 위, 아래 방향으로 움직이려면 방법을 찾아야 하는 우리와는 다르다.

네 살짜리가 그린 그림처럼 보이지만, 실제로 산갈치는 이렇게 생겼다.

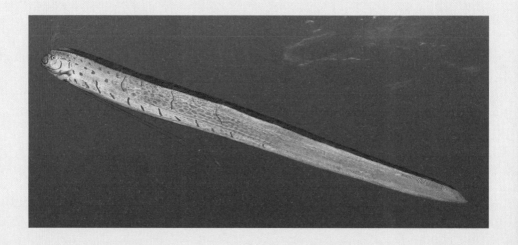

위, 아래로 충분히 움직일 수 있게 진화한 산갈치는 이 능력을 충분히 활용한다. 어떤 의미에서 산갈치는 심해에서 엘리베이터처럼 움직이고, 그 과정에서 작은 물고기와 크릴, 다른 갑각류를 섭취하면서 스스로 자기의 활동영역을 주장한다. 이것은 아주 경제적이고 에너지 보존적으로 움직이고 먹이를 먹는 방식이다.

꾸불꾸불 움직이다

SERPENT 프로젝트에서 찍힌 영상에서 어떻게 산갈치가 헤엄치는지도 어느정도 자세하게 드러났다. 노처럼 생긴 작은 배지느러미를 사용하는 것이 아니었고, 오히려 그것은 이동에 전혀 관여하지 않는 것처럼 보였다. 산갈치의 등 전체에는 눈 바로 뒤부터 꼬리까지 죽 이어지는, 아주 섬세하고 뚜렷한 등지느러미가 있다. 이것은 눈에 띄는 선홍색이어서 관찰하고 촬영하기도 쉽다. 이 등지느러미 덕분에 산갈치는 거의 움직이지 않고도 헤엄칠 수 있다. 이것이 완벽한 물결로 파동이 치면 물고기는 앞뒤로 방향을 돌려 위아래로 움직일 수 있기 때문이다. 다른 지느러미들은 줄타기 곡예사의 장대처럼 버틴다. 그 용도가 균형을 잡는 것인지 아니면 방향을 잡는 것인지, 그것도 아니면 그냥 방해가 안 되게 지탱하고 있는 것인지는 미스터리다. 산갈치의 생활 대부분이 아직 잘 알려지지 않은 것처럼 말이다.

> 산갈치는 등지느러미 덕분에 거의 움직이지 않고도 헤엄칠 수 있다.

리본이악어는 지구상에서 뼈가 가장 긴 물고기다(고래상어는 연골어류다). 미국 해군 특수부대가 오도 가도 못하는 리본이악어를 잡고 있는 사진을 보면 그 실제 크기를 실감하게 될 것이다(인터넷에서 검색하면 볼 수 있다). 리본이악어는 해양 회유 어류라고 여겨진다. 그러니까 먹이를 따라 바다를 돌아다닌다는 뜻이며, 주로 열대와 중위도의 바다에서 발견된다. 수심 약 1,000m까지 중심해수층을 돌아다닌다.

그렇게 유명하고 커서 많은 사람이 보았을 것 같지만, 잠수함 함장이 아닌 한 이 물고기를 볼 수 있는 것은 해변으로 밀려온 후에만 가능할 것 같다.

22

피라루쿠

{*Arapaima gigas*}

일반명
아라파이마(arapaima),
파이체(paiche)

몸길이
보통 2m 이상

서식지
남아메리카의 강

눈에 띄는 특징
큰 비늘 갑주

개성
냉정함

좋아하는 것
해수면에 남은 것 먹기

특별한 기술
수면에서 공기 호흡

보존 상태
자료 부족

피 라루쿠의 커다란 등이 물위로 올라온 것을 보면, 처음
에는 물고기라기보다는 섬처럼 보인다. 아마존 분지에
있는 흙탕물인 작은 우각호(초승달 모양의 호수—역주)나 얕은 강
에서 흔히 볼 수 있는데, 아마 방금 괴물을 보았다고 생각할지
도 모른다. 그러나 사실 지금 본 것은 아마 지구상에서 가장
큰 민물고기일 것이다. 중앙아시아에는 정말 큰 러시아철갑상
어(*Acipenser gueldenstaedtii*)가 있고 남아메리카의 하천에는 메
깃과의 '라우 라우' 또는 '피라이바'(*Brachyplatystoma filamen-
tosum*)가 있는데, 이들 어류는 크게 자라면 작은 백상아리 정
도 된다. 간혹 커다란 황소상어가 강을 돌아다니기는 하지만,
평균적으로 피라루쿠가 지구상에서 가장 큰 민물고기다. 다른
어종에서 피라루쿠보다 더 큰 한두 마리가 있을 수도 있지만,
대체로 피라루쿠 성어가 더 클 것이다.

아라파이마속(*Arapaima*)은 수십만 년 전부터 존재해왔으며
그래서 고대 생명체처럼 보인다. 전문 조각가가 하나하나 만
든 것처럼 보이는 온몸을 덮은 골질의 어마어마한 비늘, 작은

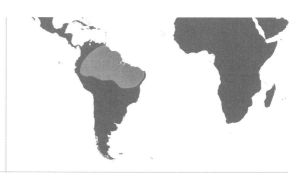

피라루쿠는
가까이에서
보면 수룡을
닮았다.

눈과 콧구멍, 뼈판으로 된 커다란 머리 때문에 가까이에서 보면 수룡을 닮았다. 이들은 공기 호흡을 하기 위해 수면 위로 자주 올라오기 때문에 아주 쉽게 찾을 수 있다. 몇 분마다, 최대 30분까지 수면 위로 올라와서 어마어마한 양의 산소를 들이마신다. 그들도 물속에서 산소를 적절히 얻을 수 있기 때문에 우리처럼 숨을 참고 있지는 않지만 '폐'로 공기를 충전해야 산소 농도가 낮은 물에서 호흡을 유지할 수 있다.

고대 동물의 매력

피라루쿠는 긴 몸통에 넓고 두꺼운 비늘이 있고, 색상은 빛나는 청록색부터 가장자리가 심홍색인 짙은 초콜릿색까지 지역마다 강마다 다양하다. 역사적으로 가이아나부터 브라질, 에콰도르까지 지역을 불문하고 피라루쿠는 모두 같은 종이라고 알려졌지만, 이렇게 아주 다양한 색상을 보고서는 드디어 어류학자들이 좀 더 자세히 관찰해야겠다고 판단했다. 박물관 표본에서 추출한 DNA 샘플 수백 개를 분석한 결과, 아라파이마속에는 많게는 다섯 종이 있다는 것이 밝혀졌다. 각각의 종은 구세계에서 발견되는 코끼리 종이 서로 다른 것만큼 쉽게 구별되었다.

그렇지만 모든 종이 산소가 부족한 물에서 살아가는 요령을 알고 있다는 공통점이 있었다. 이것은 매년 우기와 건기에 물이 풍족했다가 부족해지는 아마존에서는 아주 유용한 능력이다. 피라루쿠는 습관적으로 공기를 들이마심으로써, 시야가 거의 제로에 가깝고 산소가 부족한 물에서도 산소를 물릴 정도로 아주 많이 호흡계에 공급할 수 있다. 그러나 물고기는 웅덩이의 물이 마르면 오도 가도 못하게 되기 쉽다. 그래서 물이 빠르게 빠지는 정글 웅덩이에 갇힌 피라루쿠가 공격적이고 굶주린 재규어에게 잡혀서 강둑으로 밀려났다는 이야기가 많다. 재규어는 유일하게 피라루쿠의 두꺼운 비늘을 뚫을 수 있고, 거북이 껍질도 쉽게 물어뜯을 수 있는 동물이다.

먹잇감을 부수어 탐욕스럽게 먹다

피라루쿠는 대체로 육식성이어서 다른 물고기와 곤충, 갑각류, 물에 빠진 작은 육상 포유류를 먹지만, 씨앗과 과일도 먹는다. 그럼에도 일부 큰 이빨을 가진 어종들과 달리 피라루쿠의 이빨은 그다지 인상적이지 않다. 그러나 부족해 보이는 이빨을 힘으로 만회한다. 피라루쿠는 골질로 된 억센 입으로 먹잇감을 부수고, 색다르고 다소 기괴한 방식으로 사냥을 하는 것으로 유명하다.

나는 피라루쿠의 사냥 기술이라고 할 수 있는 것을 야생에서 직접 관찰한 적이 있다. 가끔 오지에 있는 우각호(아마존에서는 그 길이가 수 킬로미터에 이를 수 있다)에서 사격 소리 같은 것이 메아리칠지도 모른다. 이렇게 갈라지는 소리는 번개 소리나 고속 소총 소리로 오해하기 쉬운데, 피

> 가끔 오지에 있는 우각호에서 사격 소리 같은 것이 메아리칠지도 모른다.

라루쿠가 수면을 아주 세차게 철썩 쳐서 나는 소리다. 범고래가 꼬리로 바다를 쳐서 나는 소리와 거의 비슷하다. 피라루쿠는 때때로 이 기술을 사용하는 것으로 보인다. 근처의 물고기들을 거대하게 무리 짓도록 몰아놓은 뒤, 꼬리로 그 물고기 떼를 내리쳐서 한꺼번에 기절시키는 것이다. 이런 꼬리 채찍질이 수면에 엄청난 물보라를 일으키는 모습이 영상으로 촬영되었다. 아마 기절해서 떠다니는 물고기들은 정신을 차리기도 전에 이들에게 잡아먹힐 것이다. 또한 피라루쿠는 바다의 혹등고래와 어느 정도 비슷한 방식으로, 영역 다툼을 해결하기 위해 이상한 소리를 내서 서로 의사소통을 하는 것 같다. 이런 행동에 대하여 어느 설명이든 가능하지만, 아직 결론은 나지 않았으며 과학자들이 또는 보고된 관찰자들이 이 미스터리를 풀어 주기를 기다리고 있다.

로켓 발사

피라루쿠의 진짜 비극은 그것이 맛이 좋고, 잡히면 온 마을 사람이 먹을 수 있을 정도로 크다는 점이다. 안타깝게도 브라질에서는 피라루쿠가 서식했던 많은 강에서 피라루쿠를 마구 잡았다. 먹거리로 인기가 높지만, 겁쟁이들은 피라루쿠를 잡지 못한다. 피라루쿠는 방해를 받으면 마치 엑조세미사일처럼 물 밖으로 덤벼든다. 그 머리가 대부분의 대형 해머보다도 두껍고 거의 그 정도로 단단하고 무겁다는 점을 생각한다면, 뼈를 아주 산산조각 내고 카메라 장비를 부수는 것은 물론 나무로 된 배도 얼마나 쉽게 반으로 쪼갤 수 있는지 잘 알 수 있을 것이다.

피라루쿠는 대체로 밤에 활동적인 야행성이다. 낮에 호수나 석호에 있는 나무 아래나 강가의 흙탕물에 숨어 있다가 밤이 되면 나와서 계획적으로 강의 본류로 간 뒤 잠자거나 휴식 중인 물고기 떼를 찾으러 돌아다닌다.

이 어종은 현재 멸종 위기에 처해 있으며 전 세계적으로 이들의 보호구역이라고 할 수 있는 곳은 몇 군데밖에 없다. 이 때문에 얕은 곳에 있던 괴상한 공룡인 피라루쿠는 아마 한때 겁을 먹었을 것이다. 이들에게는 파악하기 어려운 필연적이고 본질적인 무언가가 있다. 그들은 흐르는 시간처럼 중단 없이 역동적으로 존재한다. 그리고 이 책에 소개된 모든 물고기처럼, 이 물고기가 있는 세상이 더 좋은 곳이다.

피라루쿠의 비늘 색상은 서식하는 강마다 다를 수 있다.

23

고래상어

{Rhincodon typus}

일반명
레이디피시(the lady fish)

몸길이
약 13m

서식지
외해

눈에 띄는 특징
작은 이빨들이 300개
줄로 나 있음

개성
온순함

좋아하는 것
플랑크톤과 크릴

특별한 기술
모습 감추기

보존 상태
멸종 위기

고래상어는 단연코 지구상에서 가장 큰 어종으로 그 거대한 크기를 완전히 파악하기는 어렵다. 아마 그 엄청난 크기를 파악하는 방법은 물에 직접 들어가 보는 것밖에 없을 것이다. 그러나 이 방법은 적절한 상황이 아닌 한 권장하지 않는다. 여과 섭식을 하는 이 온순한 거대 동물은 멸종 위기에 처해 있으며 사람들이 의도적으로 방해하지 못하도록 광범위하게 보호받고 있다.

완전히 자란 고래상어의 평균 길이는 약 13m이고, 무게는 약 9톤이다. 이렇게 큰 동물을 찾기는 어렵지 않지만, 놀랍게도 이 동물에 대해 아는 것은 거의 없다. 우리가 아는 내용이라고는 대부분이 정리되지 않은 현장 관찰과 일화 같은 회고록에서 나온 것들뿐이다. 그 크기도 대개는 추정치에 불과하다. 육지에 갇혀 꼼짝 못하게 된 고래상어는 물의 지지를 받지 못하여 축 늘어져 있기 쉽고, 그 상태를 본 우리는 살아 있는 이 물고기에 대하여 그릇된 지식을 갖게 된다. 반면 바다에 있는 고래상어는 움직이고 있기 때문에 그 크기를 정확하게 판독하거나 측정하기가 아주 어렵다. 최근 들어 보다 정확한 판독을 위해 레이저 사진 측량을 도입하여 상당한 진전을 보였다.

사람들은 큰 동물에 대하여 과장하는 것을 좋아한다. 확실히 몇 년 동안 꽤 큰 고래상어들에 대한 보고가 있었지만, 내가 가장 납득할 수 있다고 느꼈던 관찰 사례는 1995년 9월 30일 인도 남서부의 라트나기리 해변에 비참하게 밀려온 진짜 괴물에 대한 보고서다. 이 고래상어의 추정 길이는 무려 20.78m였다. 올림픽 육상 트랙 전체를 가로막을 수 있고 런던의 빨간 버스 길이의 두 배나 되는 크기였다. 실제로 리어제트기 35(자가용 소형 제트기)는 길이가 17.7m로 이보다 짧은데도 15명이 편안하게 앉을 수 있다.

방랑하는 거대 고래

이 종의 연구가 어려운 또 다른 이유는 고래상어가 방랑 생활을 하는 경향이 있기 때문이다. 동일한 장소에 장기간 머무는 일이 거의 없어서 멕시코 앞바다에 있던 고래상어가 두 달 후에는 폴리네시아의 통가에 있을 수 있다. 한편 동아프리카 앞바다에 있던 고래상어가 역시 두 달 후에 결국에는 태국 주변을 돌아다니고 있을 수 있다. 이런 이야기는 지어낸 것이 아니다. 두 상황 모두 과학자들이 무선 태그를 부착시켜 추적한 경우로, 두 마리 모두 약 13,000km의 왕복 여행을 한 것으로 밝혀졌다.

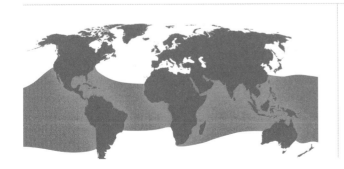

고래상어의 거대한 크기를 완전히 파악하기는 어렵다.

수심 측량하기

고래상어는 장거리 여행자일 뿐만 아니라 매우 깊은 바다까지 들어갈 수 있는 다이버이기도 하다. 최대 1,928m까지 잠수했다는 기록이 있다(어린 고래상어였다). 이런 다이빙으로 고래상어는 인간의 시야에서 완전히 자취를 감출 수 있고, 가끔은 이 물고기를 찾는 것이 한층 더 힘들어진다. 그들의 위치는 전혀 예측할 수 없고 한 장소에 속박해두기도 어렵다. 2011년에 400마리의 고래상어가 멕시코의 유카탄 앞바다에 군집하는 일이 있었고, 이는 역사상 최대 규모의 고래상어 무리로 기술되었다. 이 사건은 고래상어들과 함께 '자유 다이빙'을 하겠다고 몰려든 많은 관광객들과 관련이 있었을 수도 있지만, 우리가 아는 한 두 번 다시는 일어나지 않았다. 고래상어는 생각보다 주변 환경에 예민해서 사람들의 방해를 받으면 곧바로 사라질 수도 있다. 또는 인간의 존재를 감지하는 경우, 우리 앞에 나타나지 않을 수도 있다.

현재로서는 추정일 뿐이지만 고래상어는 130년까지 살 수 있다고 여겨진다. 크기에 비해 성장이 아주 빠른 개복치(82~85쪽 참조)와 달리, 고래상어가 성어로 성숙하기까지 걸리는 시간에 대해서는 알려진 바가 거의 없다. 그 주된 이유는 치어를 거의 볼 수 없고 그에 따라 관찰하기가 어렵기 때문이다. 2020년 탄소 연대 측정 기법으로 고래상어의 나이를 계산해보려는 시도가 있었다. 그 결과 몸길이가 10m 정도 되는 암컷의 나이는 50살 정도 될 것이라고 어느 정도 확정되었다. 이 사실에서 고래상어가 성적으로 성숙해지기까지 아주 긴 시간, 아마 30년 이상 걸릴 것이라고 판단할 수 있

> 중국의 한 공장에서 살코기와 지느러미를 얻기 위해 600마리의 고래와 돌묵상어를 가공 처리했다.

다. 현재로서는 고래상어의 임신기간이 얼마인지, 짝짓기를 얼마나 오래, 어디에서 하는지에 대하여 정보가 없다. 사실 자연사의 성배 중 하나는 고래상어의 번식지를 찾아서 출산 장면을 촬영하는 것이다. 최근 세계자연기금(World Wide Fund for Nature) 필리핀 본부의 보고서에는 2019년에 168건의 고래상어 목격 사례가 실렸는데, 그중 다수는 '어린 고래상어'였다고 한다. 이 지역이 고래상어에 대한 미래 탐사와 연구의 중심지가 될 수 있을지 계속 주목해보자.

출산의 비밀

번식의 측면에서 우리가 갖고 있는 유일하게 확인된 보고서는 대만의 한 어장에서 우연히 잡혔다가 죽은 임신한 암컷에 대한 것이다. 사후 부검 결과, 이 암컷의 몸안에는 새끼 고래상어 304마리가 있었다. 새끼들이 모두 동시에 태어나는지 그리고 언제 어디에서 태어나는지 등은 여전히 미스터리다.

대부분의 고래상어는 너무 커서 포식자의 관심 밖에 있을 것이라고 생각하겠지만, 예외되는 대상이 있다. 바로 인간이다. 2016년에 오스트레일리아에서 작성된 한 비밀 보고서에 따르면, 중국의 한 공장에서 식품 판매용으로 600마리의 고래와 돌목상어의 살코기와 지느러미를 가공 처리했다는 사실이 드러났다(지느러미의 경우 대부분 상어 지느러미 수프용이다). 거기에서 멈추지 않고 부산물인 가죽과 기름은 북아메리카와 유럽으로 보냈다(가죽은 가방과 구두용으로 무두질을 하고, 기름은 비타민과 건강보조제에 첨가될 예정이다). 고래상어의 생애 주기에 대한 기초적인 내용을 잘 모르는 상태에서 그 산업과 교역의 어느 한 부분이 유지 가능한지를 알기는 매우 어렵다. 고래상어는 공식적으로 국제자연보전연맹(International Union for Conservation of Nature, IUCN: 자연 세계의 상태와 그 보호에 필요한 수단에 대한 국제기구)이 멸종 위기 목록에 올랐지만, 이 어종은 불행하게도 관찰이나 단속을 거의 하지 못하는 바다에서 생애 대부분의 시간을 보낸다. 만타가오리, 백상아리와 함께 고래상어는 '이동 상어 보호(Conservation of Migratory Sharks, CMS)'에서 모니터링을 한다.

고래상어는 아주 커서 그 밑에서 빨판상어 무리들이 들키지 않고 달릴 수 있다.

느린 성장 속도, 늦은 성적 성숙, 확증하기 힘든 번식 습관과 분포 때문에 고래상어 개체군을 잘 보존하는 법을 파악하기란 여전히 힘들다. 그런 의문에 답하고 미래 세대를 위해 이 온순한 거대 어종을 지키기 위한 연구가 계속해서 충분히 이루어지길 바란다.

Chapter 4

생소한 물고기

제4장은 바다에서 생소한 어종들을 소개하는 순서다. 솔직히 말해서 자연은 원래 이상한 것에 주의를 기울이지 않는다. 대부분의 진화는 목적 없이 이루어지지 않는다. 코끼리 같은 코나 해머 같은 머리는 그 종의 생존 비결이라서 그것 없이는 살아가기가 불가능하다. 이제 가장 이상한 바다로 가서 물고기 형태와 기능의 극치를 경험해보자. 물론 생각해 보면 이 책에 소개된 다른 물고기 다수도 이 부문에 들어갈 수 있긴 하다.

24

코끼리주둥이고기

{*Gnathonemus petersii*}

일반명
우방기 코끼리고기
(Ubangi mormyrid)

몸길이
약 24cm

서식지
중앙아프리카,
서아프리카의 강

눈에 띄는 특징
코끼리 코처럼 생긴 코

개성
뇌를 많이 쓰는 학구파

좋아하는 것
코로 파헤치기

특별한 기술
레이더처럼 야간 식별

보존 상태
관심 대상

이 이름은 큰가시고기 다음으로 잘 지은 이름이다. 괴상하게 생겨서 아프리카에 서식하는 이 물고기의 종명 (*petersii*)은 독일의 박물학자 빌헬름 페터스(Wilhem Peters)의 이름을 따서 지어졌다. 페터스는 19세기 초부터 중반까지 대부분의 시간을 베를린박물관을 위해 모잠비크와 앙골라, 서아프리카에서 야생생물을 조사하고, 기술 및 기록을 하면서 보냈다. 그를 기리기 위해 그 이름이 들어간 명칭은 코가 쑥 나온 이 인상적인 물고기만이 아니다. 그린란드에는 그의 이름을 딴 큰 만(Peters Bay)이 있다.

이상한 소리 같지만, 이 물고기의 이름을 짓기 위해 상상력이 필요하진 않았다. 코가 코끼리 코처럼 생겼기 때문이다. 이 물고기는 아마도 지구에서 가장 생소하게 생긴 어종일 것이다. 그러나 그 명목상의 '코'는 실제로 호흡을 하고 코끼리 코처럼 물건을 조작하기 위한 것이 아니라 아랫입술이 편리하게 적응된 것이다. 앞으로 살펴보겠지만, 이것은 코가 아닌 촉각기관이다.

전기 코끼리

코끼리주둥이고기는 전류를 생성할 수 있는 몇 안 되는 동물 중 하나다. 그들은 생성한 전기를 이용하여 서아프리카 하천, 특히 콩고분지 주변을 흐르는 콩고강의 지류인 우방기강의 컴컴하고 비밀스러운 강물 속을 탐색한다. 이 강은 종종 암설과 진흙이 뒤섞여 있어서 일반 물고기는 길을 찾기가 어렵다. 그러나 코끼리고기과(Mormyridae)의 코끼리주둥이고기는 그 탁한 강물에서 살아남기 위해 좀 더 극단적으로 진화했다. 다른 이름으로 '우방기 코끼리고기' 또는 '긴코 코끼리물고기(long-nosed elephantfish)'라고도 불리는 이 물고기는 슈노체오르간(Schnauzeorgan, 독일어로 '비구부[nose organ]'라는 뜻)이라는 것을 갖고 있다. 이 기관은 전기수용기로 덮여 있어서 다른 동물이 생성한 약한 전기장을 감지할 수 있다. 몸의 나머지 부분에도 예민한 전기탐지기를 보완해주는 기관이 있다. 전기수용기는 레몬상어, 전기뱀장어(34~37쪽 참조), 기아나돌고래 같은 다른 수생동물뿐만 아니라 오리너구리, 바늘두더지 같은 포유류와 꿀벌 같은 일부 비행 곤충에게도 존재한다.

레이더 같은 눈

코끼리주둥이고기는 진흙으로 탁한 강과 야행성 습관 때문에 시야가 확보되지 않은 강물 속에서 이 레이더 같은 기술을 이용하여 길을 찾기 때문에 어둠 속에서 대부분의 시간을 효과적으로 보낸다. 그래서 이 물고기의 다른 감각은 쇠퇴했다고 생각할지도 모른다. 자동차에 주차감지기가 있는데 왜 쓸데없이 자

명목상의 '코'는
실제로 아랫입술이
편리하게 적응된
것이다.

동차의 방향을 보고 있겠는가? 게다가 이 물고기는 눈 위에 공막 같은 층이 있어서 오랫동안 과학자들은 이 물고기가 거의 맹목이라고 생각했다. 그러나 최근 들어 이들은 맹목이 아니라 '다른 시력'을 갖고 있는 것으로 밝혀졌다. 실제로 빛의 일정한 대역폭에서는 이 물고기보다 더 잘 볼 수 있는 생명체가 별로 없을 것이다.

코끼리주둥이고기는 뇌-무게의 비율로 봤을 때 지구에서 가장 큰 뇌를 가진 동물로 진화했다

이러한 주장이 지나쳐 보일 수도 있다. 사람의 시력은 비교적 좋고, 우리 눈에는 간상체와 추상체가 있다(간상체는 조도가 낮은 곳에서, 추상체는 밝은 곳에서 작용하며, 두 개가 함께 작용하여 우리는 자연의 다양한 조건에서 잘 볼 수 있다). 거의 캄캄한 어둠 속에서는 우리보다 시력이 좋은 동물이 많지만, 사람의 전반적인 시력은 상당히 쓸모 있는 시스템이다. 코끼리주둥이고기 역시 간상체와 추상체 비슷한 것이 있지만, 그들에게는 다른 것도 있다. 눈 위에 있는 섬뜩하고 위축되어 보이는 층은 작은 컵처럼 함몰된 것 수백 개로 구성되어 있으며, 망막에서 자라는 결정들로 이루어진다. 이 결정들은 구아닌(앨리게이터가아의 비늘에도 있다, 116~119쪽 참조)으로 만들어진 것으로, 사용할 수 있는 빛을 눈, 망막에 있는 셀 수 없이 많은 간상체와 추상체로 보내어 빛을 증폭시킨다.

큰 뇌

그뿐 아니라 이 어종은 뇌-무게의 비율로 봤을 때 지구에서 가장 큰 뇌를 가진 동물로 진화했다. 우리 뇌와 몸이 사용하는 산소량을 측정한 생물학자들은 대부분 동물의 경우 뇌-몸 산소 소비 비율이 약 2~8%임을 알아냈다. 동시에 뇌는 주요 기능(예를 들어 생각, 움직임, 식사와 소화)에 몸 전체 산소 섭취량의 2~8%를 사용한다. 그러나 인간의 뇌는 우리 몸이 사용하는 산소의 약 20%를 소비하는데, 뇌를 문제해결과 창의력에 관여시키는 독특한 능력과 자기인식을 생각하면 당연한 것 같다. 이는 관여된 복잡한 정보를 모두 처리하기 위해 우리 뇌가 추가 에너지를 필요로 한다는 것을 의미한다. 글을 쓸 때 내 뇌는 손가락을 능숙하게 사용하고, 쓰고 있는 정보에 접근하고, 다음에 이어서 쓸 내용에 대하

코끼리
주둥이고기는
뒤로 헤엄칠
수 있는 몇 안
되는 물고기 중
하나다.

여 생각할 수 있게 하느라 초과 근무를 하고 있다. 쓰고 있는 내용이 말이 되는지, 감정과 기분의 배경 등을 생각하는 것은 말할 것도 없다. 당연히 우리 뇌는 이 모든 일을 해내느라 많은 산소를 사용한다. 그러나 뇌가 우리보다 더 많은 산소를 사용하는 종이 있는데, 바로 코끼리주둥이고기다. 이 물고기는 우리 뇌보다 세 배나 많은 산소를 사용한다. 크기는 바나나 한 개 정도밖에 되지 않지만, 이 담수어는 섭취하는 산소의 60%를 할애하여 뇌 기능에 공급한다.

이 어종은 눈부신 햇빛 아래서나 캄캄한 어둠 속에서나 똑같이 시력이 좋다. 뿐만 아니라 정확한 거리를 판단하고, 극한 조건에서 다른 모양과 물질을 구별하며, 그냥 보기만 해도 대상이 살았는지 죽었는지 판단할 수 있다. 최근의 한 연구 결과에 따르면 우리 눈에는 아무것도 보이지 않는데 이 물고기는 색을 볼 수도 있다고 한다. 먹이의 종류가 달라지면 이 물고기가 반응하는 색깔이 달라진다. 그래서 적절한 색깔로 만들면 먹이가 아닌 것도 먹도록 이 물고기를 속일 수 있다. 이렇듯 코끼리주둥이고기는 맹목과는 정반대이며, 우리 인간의 큰 뇌보다도 훨씬 많은 정보를 계속 처리하는 굉장한 능력을 갖고 있다.

25

배주름쥐치

{*Rhinecanthus aculeatus*}

일반명
석호쥐치
(Lagoon triggerfish),
피카소쥐치
(Picasso triggerfish)

몸길이
약 15cm

서식지
얕은 암초

눈에 띄는 특징
부리를 닮은 주둥이

개성
공격적

좋아하는 것
게, 새우, 바닷가재, 성게

특별한 기술
바위틈에 끼어들기

보존 상태
미평가

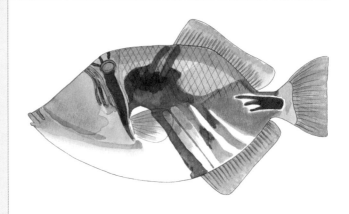

배 주름쥐치는 '석호쥐치', '피카소피시'라는 별명으로도 잘 알려져 있다. 하지만 위대한 화가인 피카소도 이렇게 특별한 색상과 패턴을 디자인할 수는 없을 것 같다. 실제로 이 물고기는 이 책을 쓰는 데 큰 영감을 주었다. 처음에 나는 우리가 사는 이 지구에 이국적이고 일반적 편견을 벗어난 것 같은 신비로운 물고기가 자연발생적으로 존재할 수 있음을 독자들에게 보여주고 싶었다. 아마 더 유명한 이상한 조류나 양서류, 파충류, 포유류가 있겠지만, 놀라울 정도로 다양하다는 점에서는 바닷물고기인 이 어종이 단연 으뜸이다.

가공하지 않은 다이아몬드

먼저 배주름쥐치의 모양이 얼마나 색다른지에 대해 이야기해야겠다. 다이아몬드 모양의 옆모습에 작은 부리처럼 생긴 주둥이와 작은 눈을 가진 이 물고기의 몸 전체에 나 있는 패턴은 모든 색상을 사용하여 기분 좋게 마음껏 색칠해도 된다. 남아프리카공화국에서는 '블랙바쥐치(blackbar triggerfish)'로, 하와이에서는 화려한 패턴만큼 이름도 화려한 '후무후무누쿠누쿠아푸아'(번역하면 '돼지코를 가진 물고기', 짧게 '후무후무'라고도 한다)로 알려져 있다. 특히 하와이에서는 석호쥐치와 가까운 암초쥐치(*Rhinecanthus rectangulus*)가 하와이주를 상징하는 물고기다. 배주름쥐치와 암초쥐치 모두 여전히 내가 좋아하는 물고기다. 어느 쪽이든 이런 물고기를 무시할 수는 없다. 관심이 필요하다.

이 물고기들은 공격적인 성격으로 꽤 잘 알려져 있다. 이 물고기는 바다의 테리어라고 할 수 있다. 길이는 30cm 정도밖에 안 되지만 보기보다 훨씬 힘이 센 것처럼 행동하기 때문이다. 특히 번식할 때 그렇다. 암컷은 다이버와 스노클러를 포함하여 다른 동물들이 너무 가까이 다가오면 모두 쫓아내고 물어뜯는다. 한 소식통에 따르면, 배주름쥐치는 둥지에서 원뿔 모양의 방향으로 위쪽을 향해 헤엄치면서 번식 영역을 방어한다고 한다. 이 말은 쥐치로부터 벗어나기 위해 위쪽으로 헤엄친다면 계속 위험한 쥐치의 영역에 머무르게 될 뿐이므로, 고통스러운 괴롭힘을 피하려면 위로 헤엄쳐 올라가는 것보다는 옆으로 멀어지는 것이 더 바람직하다는 뜻이다. 자기 영역을 방어하려는 이 어류의 바람을 존중하고 더 안전한 거리로 물러나라. 타이탄트리거피시(*Balistoides viridescens*)는 크기가 75cm 정도 되며 앵무새 부리처럼 생긴 주둥이로 상대가 있는 쪽을 향하여 공격할 것이다. 따라서 다이빙 중에는 이 정보를 활용하여 모든 트리거

암컷은 다른
동물들이 너무
가깝게 다가오면
거의 모두 쫓아내고
물어뜯는다.

피시를 피해야 한다.

게딱지 부수기

작은 배주름쥐치도 험하게 물어뜯을 수 있다. 이는 암초에 있는 가장 단단한 껍질의 동물들을 먹기 때문이다(이 또한 이 물고기가 색다른 모양으로 진화한 원인이다). 대체로 게, 새우, 바닷가재, 성게를 좋아한다. 모두 중세 기사보다 더 단단하게 무장한 생물들이다. 작지만 강한 턱으로는 먹잇감의 껍질을 부수고 단단한 방어막을 부수는 한편, 얼굴 다른 부분은 위험에 노출되지 않도록 발달되었다.

배주름쥐치는 영역 주장이 아주 강해서, 일단 자리를 잡

배주름쥐치의 특이한 이중 추상체는 사람의 시력과 비슷한 방식으로 작용한다.

으면 그 후 몇 년 동안 그 주위를 헤엄치며 다니는 모습을 볼 수 있다. 이 때문에 배주름쥐치의 서식지는 다이버들에게 인기 있는 장소다. 암컷보다 더 큰 수컷은 종종 훨씬 더 큰 영역을 방어하며 자기 영역 안에 각자 영역을 가진 여러 마리의 암컷을 두고 지킨다. 그들의 관계는 여러 집합들의 관계를 나타내는 벤다이어그램을 연상시킨다. 암컷들의 영역은 많이 겹치지는 않지만 간혹 거의 맞닿아 있고, 수컷은 그 모든 암컷의 영역을 보호한다. 번식할 때가 되면 수컷은 자기 영역 안에 있는 암컷들과 각각 짝짓기를 하고, 암컷이 알을 낳은 후에는 알이 크는 동안 알을 지킨다. 이때가 배주름쥐치가 가장 공격적인 시기다.

지느러미에 있는 방아쇠

영문명으로 '트리거피시(triggerfish)'라는 이름이 붙은 것은 갑자기 '공격 모드'로 변하는 성향 때문이 아니라 해부학적으로 더욱 위험한 특징 때문이다. 트리거피시는 등지느러미를 방어용으로 사용하는데, 이 등지느러미 앞쪽에 사납게 생긴 길고 날카로운 가시가 있다. 이들의 전략은 산호의 갈라진 틈이나 암초의 틈으로 헤엄쳐 들어가서 일단 안전하게 끼어 들어가면, 그 가시로 몸을 단단히 고정하여 사실상 포식자가 떼어내지 못하게 만드는 것이다. 대부분의 포식자

(암초상어와 그루퍼)는 바로 물러나거나 적어도 재빨리 포기할 것이다. 신기한 점은 등지느러미 가시가 두 개 있다는 것인데, 세워진 큰 가시가 '접히려면' 두 번째 작은 가시가 오므라들어야 한다. 두 번째 작은 가시가 '트리거(방아쇠)' 역할을 하기 때문에 '트리거피시'라 불리는 것이다. 이 물고기가 '트리거'를 장전하면 위험해진다.

새로운 방식의 시력

산호초는 어느 부분이나 색상이 밝다. 논리상 물고기라면 산호초 대부분을 볼 수 있어야 한다고 생각할 것이다. 그러나 최근 배주름쥐치를 연구한 결과에 따르면, 이 물고기들의 눈에 특이한 추상체들(동물과 우리 눈의 망막에 있는 광수용기 세포로 색을 결정한다)이 있다는 것이 밝혀졌다. 인간에게는 빛의 삼원색인 파란색, 녹색, 빨간색에 각각 작용하는 세 종류의 추상체가 있다. 반면 배주름쥐치에게는 단 두 종류의 추상체(단일 추상체와 결합된 이중 추상체)가 있다. 이 때문에 많은 과학자는 색각이 불가능하다고 생각했다. 하지만 이 생각은 최근 실험실에서 배주름쥐치를 훈련시킨 실험에 의해 무너졌다. 그 실험은 배주름쥐치가 맞는 색을 골랐을 때 보상으로 먹이를 주어 색을 인식시키는 훈련이었다. 이 실험으로 특이한 이중 추상체가 사람의 시력과 아주 비슷한 방식으로 작용한다는 것이 밝혀졌다. 간단히 말해서, 배주름쥐치도 삼원색을 사용하여 볼 수 있다는 것이다. 이것은 아마도 '원시' 물고기에 관련된 주목할 만한 발견일 것이다.

쥐치복과의 어종 40종이 대서양 동부에서 남아프리카공화국까지, 인도태평양에서 일본의 남해안까지, 심지어 남쪽으로는 멀리 뉴칼레도니아까지 모든 열대 바다에서 발견된다. 따뜻한 기후와 암초가 있는 곳이라면 이 물고기의 원뿔형 영역을 발견할 가능성이 높다. 배주름쥐치는 가장 흔하게 널리 분포하며 관광할 가치가 충분한 물고기다. 단, 너무 가까이 가면 안 된다.

배주름쥐치는 정면에서 봐도 정말 인상적인 물고기다.

26

앨리게이터가아

{*Atractosteus spatula*}

일반명
가아파이크(garpike),
동갈치(garfish)

몸길이
약 1.8m

서식지
호수, 저수지

눈에 띄는 특징
특히 억센 비늘

개성
잠복하는 포식자

좋아하는 것
물고기, 새, 게

특별한 기술
폐처럼 생긴
부레로 호흡

보존 상태
관심 대상

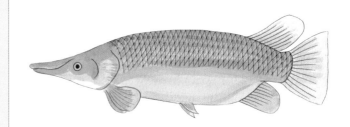

'선 사시대의'라는 단어는 종종 태고 때 살던 동물처럼 생긴 동물을 묘사할 때 많이 사용되는 형용사로, 이렇게 인상적인 어종에게는 그 어느 때보다도 적절하게 사용될 수 있다. 앨리게이터가아는 거대한 담수어지만, 간혹 해변 가까이의 담해수로 잘못 들어가기도 한다. 예전에는 미국 전역에 분포했지만, 지금은 남부의 몇몇 주에서만 발견된다. 텍사스주부터 앨라배마주까지 강어귀, 만, 호수, 강과 함께 미시시피강 도처에서 볼 수 있다.

예전에는 앨리게이터가아가 상당히 흔했지만, 생태계가 얼마나 민감한지를 제대로 알기도 전에 원시 물고기를 닮은 이 괴물에게 '쓰레기 물고기(기름을 짜거나 사료로나 쓸 물고기—역주)'라는 꼬리표가 붙는 바람에 낚시꾼과 수로 관리 회사들은 이 물고기들을 절멸시켜도 좋다는 공개적인 허가를 받았다. 사람들은 이 덩치 큰 최상위 포식자를 없애면 같은 습지나 하천에 서식하는 모든 동식물도 엄청난 충격을 받는다는 사실을 알아차리지 못했다. 아이러니하게도 현재 동시베리아와 중국산 백

예전에는 원시
물고기를 닮은
이 괴물에게
'쓰레기 물고기'라는
꼬리표가 붙었다.

런어(*Hypophthalmichthys molitrix*) 같은 외래 침입종이 급속히 퍼진 지역에 앨리게이터가아를 다시 도입하고 있다. 혹시 고속 모터보트의 소음 때문에 물위로 뛰어올라 보트에 탄 사람들을 공격하는 물고기의 영상을 본 적이 있는가? 이 물고기들이 바로 백런어다. 만약 앨리게이터가아가 이 호수와 강에 홀로 남겨졌다면, 곡예하는 어뢰 같은 백런어는 그곳을 점령하지 못했을 것이다. 그런 생태학적 교훈을 얻었지만 이미 너무 늦었다.

앨리게이터가아의 매복

앨리게이터가아는 잠복하는 포식자다. 반쯤 물에 잠긴 통나무처럼 수면 바로 밑에 있다가 물고기나 가재, 물새가 시야에 들어오면 갑자기 습격한다. 이들의 입안에는 악어처럼 날카로운 이빨이 가득 있어서, 일단 물리면 죽음은 대개 '기정사실'이 된다.

생긴 것도 확실히 포식자 같다. 어뢰 같은 비율과 쓸어버릴 듯한 널찍한 꼬리 덕분에 단거리 주자가 출발할 때처럼 빠르게 습격할 수 있다. 앨리게이터가아의 꼬리지느러미는 대칭이 아닌 '부등미'다. 이 말은 척추가 상엽(위쪽 꼬리) 쪽으로 자라면서 위쪽 꼬리가 길어지고 그 꼬리를 수중 돛처럼 사용할 수 있다는 뜻이다. 이는 가아만 지니고 있는 특징이 아니다. 진짜 가아에게 두드러지는 특징 두 가지가 있는데, 비늘이 엄청나다는 것과 다른 물고기와 달리 공기 호흡을 할 수 있다는 것이다.

앨리게이터가아의 비늘은 아주 억센 천연 소재 중 하나로 만들어졌다. 과학자들은 이 물고기에 꼬리표를 달기 위해 드릴까지 써서 구멍을 뚫어야 했다.

비늘은 장사방형이고 가노이드(ganoid, 경린질의)라는 물질로 이루어져 있는데, 치아의 에나멜과 비슷한 외층이 있다. 이 비늘은 정말 놀라워서 아메리카 원주민들은 이것을 이용하여 화살촉을 만들었고, 앨리게이터가아의 가죽을 무두질하여 피혁을 만들고 쟁기를 보호했다. 앨리게이터가아 외에도 진화적으로 엄청난 이 특징을 공유한 물고기들이 있다. 철갑상어와 주걱철갑상어, 아미아고기, 폴립테루스과 물고기 등인데, 생물학자들과 엔지니어들이 이 특징을 면밀하게 연구하고 있다. 얼굴이 앨리게이터처럼 생기고 몸은 선사시대 동물처럼 생긴 이 물고기의 비늘에 우리 치아의 진화에 대한 비밀이 담겨 있을까? 그리고 튼튼한 이 물질을 우리의 필요에 맞게 화살촉 이상으로 바꿀 수 있을까?

부레 호흡

앨리게이터가아는 공기 호흡도 한다. 다른 물고기들처럼 가아도 아가미를 갖고 있기 때문에 그 자체로는 물고기들 사이에서 독특하지 않다. 하지만 무수히 많은 작은 혈관들로 가득 찬 부레도 갖고 있어서 거의 폐처럼 공기를 흡입할 수 있다. 이 기능은 부력(모든 물고기가 부레를 지니고 있는 이유)에 도움이 될 뿐만 아니라 혈액에 산소를 공급하는 데 사용되기도 한다. 이러한 적응은 대부분의 다른 물고기가 몇 분 만에 질식할 거의 혐기적인 수중 환경에서도 이 물고기는 살 수 있다는 뜻이다.

앨리게이터가아의 생리는 홍수와 가뭄의 변동이 심한 환경에 대처하도록 진화했다. 그래서 가장 큰 가아도 진흙 웅덩이에서 생존할 수 있다. 활동하고 있는 이 어종을 아주 분위기 있게 보는 방법은 미국 루이지애나에 가서 호수에서 작은 보트를 타고 완벽하게 평온한 여름 저녁을 기다리는 것이다. 미풍에 머리카락이 산들거리고, 여기저기서 가아가 격정적으로 헐떡거리는 소리와 첨벙거리는 물소리가 들린다. 떠들썩하게 엄청난 양의 공기를 들이마시는 가아 중에는 무게가 45kg, 길이가 3m나 되는 것도 있다. 분명 굉장한 볼거리일 것이다.

끊임없이 변화하는 환경에 잘 대처하는 가아의 능력도 계절과 긴밀한 관계가 있는 번식 주기에는 큰 영향을 주지 못한다. 가아는 모든 조건이 적절해질 때까지 기다린다. 햇빛, 낮의 길이, 온도, 수위, 수심이 결합하여 짝짓기를 하기 완벽한 조건이 만들어져야 한다. 가아가 기다리던 바로 그 조건은 봄 홍수로 강물이 인근 초원과 풀밭으로 범람할 때다. 그때서야 선사시대의 수중 괴물 떼처럼 많은 가아가 강가의 초원으로 한꺼번에 쏟아진다. 비늘 갑주를 두른 가아는 달가닥거리며 서로 부딪히고 밀치며 나아가서는 초목의 줄기에 수많은 붉은 알을 낳는다. 알은 강 본류에 아직 갇혀 있는 포식자들로부터 떨어져 안전하게 발육하여 부화된다. 하지만 어차피 철갑상어 같은 가노이드 비늘(경린)을 가진 다른 어류들의 알과 달리, 앨리게이터가아의 알은 맛이 없다. 게다가 사람에게는 유독하다.

> 가장 큰 가아도
> 진흙 웅덩이에서
> 생존할 수 있다.

가아가 어느 정도까지 성장할 수 있는지에 대한 논란은 아직 진행 중인데, 나는 아직까지 발견되지 않은 엄청나게 큰 괴물이 있지 않을까 생각한다.

기록상 가장 큰 가아는 루이지애나주와 미시시피주의 경계에 걸쳐 있는 쇼타르 호수에 설치해놓은 상업용 어망에 걸린 것이었다. 이 거대 물고기는 길이가 2.6m, 둘레는 119cm, 무게는 148.3kg이었다. 이에 비하면 그 이전의 최대 기록인 1958년에 텍사스에서 낚싯대로 잡은 125.6kg 가아는 왜소한 편이었다. 그곳에는 아직 그물과 덫, 낚싯바늘을 더 조심스럽게 피하고 있는 거인이 있을 수 있다.

27

부채지느러미아귀

{*Caulophryne jordani*}

일반명
털아귀(hairy anglerfish)

몸길이
최대 20cm

서식지
심해

눈에 띄는 특징
많은 지느러미와 촉수

개성
혼자 있기를 좋아함

좋아하는 것
낚시

특별한 기술
생물 발광

보존 상태
관심 대상

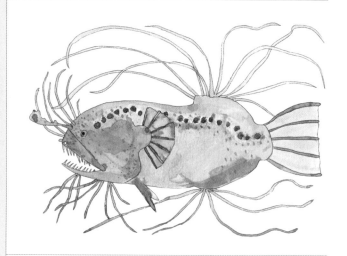

보는 것은 물론 그림으로 그려 보려는 시도조차도 악몽인 이 기괴하게 생긴 물고기는 우스꽝스럽다고 할 정도로 못생겼다. 블레이크(William Blake, 18세기 영국의 화가 겸 시인으로 기상천외하고 엉뚱한 상상의 세계를 그림—역주)와 보스(Hieronymous Boche, 15세기 네덜란드의 화가로 기괴한 환상의 세계를 그린 그림들로 유명하다—역주)도 이런 물고기를 그려볼 생각은 하지 않았을 것이다. 그러나 심미적으로 부족한 것은 아귀가 의도한 바다. 아주 깊은 컴컴한 바다에서 서식하는 물고기에게는 외모가 아무 상관이 없다. 대신 그런 곳에서 살아남으려면 특정 유형의 능력이 필요하다.

아귀(anglerfish)는 그 이름에서 알 수 있듯이 낚시 기술로

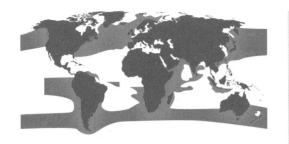

심해 아귀만 그 유명한
'불 켜기' 내지는
생물 발광 미끼를
갖고 있다.

유명하다(영어 단어 'angle'은 '낚시질하다'의 뜻이다—역주). 이들은 물고기를 낚는 물고기이며, 비슷한 환경에서 사람 낚시꾼이 사용할 법한 장비를 갖추고 일을 한다. 부채지느러미아귀는 머리 꼭대기에 안정된 낚시 미끼를 갖고 있다. 사실 이것은 진화에 의해 개조된 등지느러미(또는 윗지느러미)의 일부로, 이를 흔들어 먹이로 보이는 다른 배고픈 물고기를 유인하는 데 사용한다. 당연히 먹잇감이 아귀의 영역 안에 들어오면 곧 잡아먹히게 된다.

모든 아귀가 심해 괴물은 아니다. 아귀가 속한 아귀목은 18과 200종으로 구성되어 상당히 큰 규모다(자세한 분류에 대해서는 아직도 논란이 계속되고 있다). 브라키오니크티스과(handfish, Brachionichthyidae), 멜라노케투스과(seadevils, Melanocetidae), 점씬벵이과(coffinfish, Chaunacidae) 등 그 하위 그룹의 명칭에서 종의 기괴한 특징이 드러난다. 아마 가장 유명한 명칭은 몽크피시(monkfish)이지만, 그것이 정말 못생긴 아귀임을 아는 사람은 거의 없다. 때때로 그 꼬리 요리를 고급 식당에서 먹을 수 있다.

박테리아의 도움

오직 심해 아귀(*Ceratias bolboelli*)만 그 유명한 '불 켜기' 내지는 생물 발광 미끼를 갖고 있다. 부채지느러미아귀도 예외는 아니다. 이 물고기는 수심 100~1,510m의 가장 깊은 바다에 서식하기 때문에 그렇게 적응해야 했다. '에스카(esca)'라고 알려진 이 미끼(적응된 등지느러미 가시의 끝에서 자란 것)는 횃불처럼 불을 켜는 놀라운 능력을 갖고 있어서 부채지느러미아귀를 '가시성이 높은' 물고기로 만들어준다. 생물 발광은 많은 동물의 진화 특징이며, 이 특징을 갖고

있는 동물이 계속 발견되고 있다. 수많은 물고기(52~55쪽 샛비늘치 참조)뿐만 아니라 박테리아, 조류, 해파리, 벌레, 갑각류, 불가사리, 연체동물 심지어 일부 상어 같은 다양한 해양 생명체들도 이 능력을 발달시켰다. 반딧불이, 방아벌레, 파리, 지네, 노래기, 달팽이, 다양한 환형동물 같은 육서종은 말할 것도 없다. 이 모두가 생물 발광 적응을 발달시켰다.

아귀의 경우, 생물 발광을 일으키는 것은 아귀가 아니다. 에스카 안에서 서식하며 특별히 아귀와 공생하는 일종의 발광균(즉 빛을 생성하는 박테리아의 일종)이 일으키는 것이다. 진정한 공생 관계에서는 관계된 모든 생명체가 상호 이익을 얻는다. 이 경우, 박테리아는 보호를 받고 아귀는 어둑한 곳에서 박테리아를 흔들어서 먹잇감을 얻는다. 멋진 샛비늘치와 달리 부채지느러미아귀에게는 스스로 빛을 내는 화학물질이 없는 것이다. 그런데 어린 아귀는 성어가 될 때까지 어떤 박테리아도 보유하지 않는 것 같기 때문에 이 박테리아의 출처는 아직 미스터리다. 더욱 헷갈리고 흥미로운 것은 심해 아귀가 종마다 다른 종류의 박테리아를 보유하고 있다는 사실이다. 여기에서 이런 의문이 생긴다. 이 미생물은 아귀와 함께 진화한 걸까? 아니면 그저 자신이 서식하는 환경에 따라 여러 출처에서 얻은 발광균인 걸까?

오직 그 어머니만 사랑할 수 있는 얼굴의 물고기다. 사진 없이는 이상한 가는 실 같은 지느러미들이 얼마나 퍼져 있는지 판단하기 힘들다.

암컷에 기생하는 수컷

그러나 우리는 부채지느러미아귀의 짝짓기 방식에 대하여 한 가지 사실을 알게 되었다. 새로운 발견을 위해 심해를 저인망으로 조사하던 초기에(잠수함과 원격 작동 잠수정으로 신비롭고 칠흑같이 어두운 심해 세계가 열리기 훨씬 전에), 심해 아귀가 그물에 걸려 수면으로 올라오는 일이 상당히 잦았다. 이 물고기들을 조사했는데 모두 암컷으로 보였다. 그래서 처음에는 이 어종이 무성생식을 하거나 수컷이 바다의 다른 곳에서 대부분의 시간을 보내는 것이라고 여겼다.

마지막으로 심해에 있던 큰 암컷이 저인망으로 잡혔는데, 그 옆구리에 작은 기생 물고기가 한 마리 붙어 있는 것이 발견되었다. 사실 이것은 암컷보다 아주 작은 크기의 같은 종 수컷이었다. 정말 놀라운 성적이형(같은 종의 수컷과 암컷 모습이 완전히 다른 상태)의 사례였다. 수컷은 암컷의 십 분의 일 크기였다. 크뢰이어 심해 아귀(krøyer's deep sea angler fish, *Ceratias bolboelli*)는 같은 과에 속한 어종의 평균 크기보다 훨씬 컸다. 길이는 91cm까지 자랄 수 있고 암컷은 수컷보다 60배나 크고 무게는 거의 50만 배나 무거워서 뚜렷하게 구별된다.

심해 아귀 수컷의 존재는 오로지 암컷을 찾아 짝짓기를 하는 데 집중되어 있었다. 이것은 수컷이 번식 본능뿐만 아니라 암컷과의 결합에 의존하여 살기 때문이다. 한 달 안에 암컷을 찾지 못한 수컷 유생은 죽을 수밖에 없다. 이들은 큰 눈과 아주 예민한 후각을 갖고 이 일에 착수한다. 수컷은 냄새를 이용하여 암컷을 찾는데, 암컷이 페로몬 흔적을 남기는지 여부에 대해서는 알려지지 않았다. 일단 암컷을 찾은 수컷은 말 그대로 죽을힘을 다하여 암컷에게 매달린다. 플라이어처럼 생긴 턱과 아주 작은 이빨들을 이용하여 암컷의 피부와 조직에 파고든다. 제대로 파고들면 암컷과 융합하여 결국 영구 부속물이 되어 옆구리에 끌려다니면서 암컷에 의해 운반된다.

수컷은 먹이를 얻을 수 있는 다른 방법이 없기 때문에 점진적으로 암컷의 혈류에 연결되는데, 그 정확한 과정은 알려지지 않았다. 궁극적으로 수컷은 기생 생활을 하게 되지만, 암컷이 알을 낳을 준비가 되어 있을 때 수정시킬 수 있는 편리한 위치에 있게 되기 때문에 유용한 생활방식이기도 하다(다시 말하지만 여기에 관련된 호르몬 과정은 아직 알려지지 않았다). 그러나 진화가 우리 생각처럼 논리적이지만은 않다는 증거를 원한다면, 부채지느러미아귀를 고찰하는 것도 나쁘지 않다.

> 일단 암컷을 찾은 수컷은 말 그대로 죽을힘을 다하여 암컷에게 매달린다.

28

모오케

{*Lota lota*}

일반명

머라이어(mariah),
민물대구(freshwater cod),
법률가대구(the lawyer)

몸길이

약 40cm

서식지

차갑고 깊은 강과 호수

눈에 띄는 특징

거대하고 이빨이
큰 유생

개성

비밀주의, 미끈덕거림

좋아하는 것

추위

특별한 기술

알을 수없이 많이 낳음

보존 상태

관심 대상

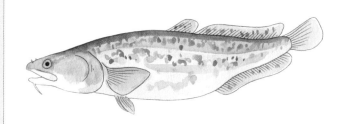

머라이어, 민물대구, 법률가대구, 코니피시(coneyfish), 등가시치(eelpout) 등 이름이 다양한 모오케는 아랫입술에 이상하게 살이 많은 돌출부(또는 수염)가 있다. 독특한 그 얼굴은 오직 어머니만 사랑할 수 있을 것 같다. 'burbot'이라는 영문 이름은 '턱수염'이라는 뜻의 라틴어 'barba'에서 유래했다. 심지어 학명인 *Lota*도 같은 종의 유명한 물고기를 일컫는 고대 프랑스어로 된 이름 'lotte'(아구)를 번역한 단어다. 옛날식 이름인 '등가시치'는 아마 뱀장어를 닮아서 붙여진 이름 같고, '법률가대구' 역시 '턱수염(beard)'을 가리키는 것으로 보인다.

얼음장 같은 법률가

빙하시대의 잔존 어종인 모오케는 과거 수백만 년 동안 대륙이 빙하로 뒤덮여 있을 때 담수 서식지 대부분에서 우세종이었을 가능성이 있다(지구 온난화의 영향 때문에 잊기 쉬운 사실인데, 학술적으로 우리는 여전히 빙하기에 있다). 이 물고기는 추위에 잘 적응한 어종이며, 캐나다 뉴브런즈 윅주와 그 건너인 알래스카는 물론 프랑스에서 유럽 전역을 거쳐 시베리아까지 전북구(전 세계의 극북)에서 발견된다. 이들은 오대호의 이리호와 나머지 지역에서 유명하고 흔하게 볼 수 있다. 1969년까지는 영국에서도 발견되었지만 농약 유출과 중금속 오염 때문에 결국 멸종되었다.

모오케는 대구목 중에서 유일한 담수 어종이다. 따라서 가장 가까운 친척을 찾고 싶다면 북해에서 대서양대구(*Gadus morhua*), 해덕대구(*Melanogrammus aeglefinus*), 대서양민대구(*Merluccius merluccius*), 명태(*Theragra chalcogrammus*)를 찾아 저인망 어업을 해야 할 것이다. 북극해 쪽으로 수심 깊은 차가운 물에서 사는 이 물고기들의 남획은 악명이 높다.

영국인들은 모오케를 즐겨 먹는다. 한때 영국에서는 이 물고기가 너무 흔해서 돼지에게 먹이기도 했다. 이런 치욕도 있었지만, 모오케는 맛이 아주 좋아서 일반적으로 요즘에도 많은 나라에서 별미로 여겨진다. 그 살이 인기 있고 비싼 갑각류인 바닷가재와 비슷하게 단맛이 나서 때때로 '가난한 사람의 바닷가재'라고 불린다. 현재 영국에서는 멸종되었기 때문에, 중세 소빙하기에 사라진 포유류와 조류를 재도입하여 크게 성공했던 프로그램의 대상 후보로 선호되고 있다. 현재 유행하는 '생태 복원'도 곧 여기에 도움이 될 것이다. 독일과 벨기에서 줄어드는 모오케 수를 늘리는 데 이미 성공했으며, 이는 영국에서 논의되고 있는 재도입 계획의 성공 가능성을 암시한다.

모오케는 오직
어머니만
사랑할 수 있는
얼굴을 갖고
있다.

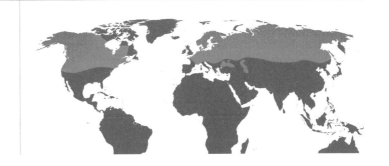

전능한 대구

모오케는 서식지에서 최상위 포식자인 경우가 종종 있다. 대단해 보이지 않을 수도 있는데, 노던 파이크(22~25쪽 참조)가 종종 같은 호수에 서식하면서 상호적으로 모오케 치어를 먹고 모오케는 새끼 파이크를 먹는다. 그렇게 폐쇄적인 생태계에서 최상위 포식자가 제거되거나 사라지면, 우리가 바로 알아차리지는 못하더라도 지역적으로나 전국적으로 재앙의 여파가 시작될 수 있다. 모오케를 자연으로 돌려보내면 특히 낚시꾼들이 모오케가 큰가시고기와 피라미뿐만 아니라 어린 낚시감까지 잡아먹을 것이라고 우려하겠지만, 원래 자연발생하는 최상위 포식자를 추가하면 장기적으로 잘 유지되는 생태 균형을 복원할 가능성이 높아진다.

물론 양어장과 호수보다 더 큰 규모의 환경 변화는 모오케의 생존 가능성을 더 크게 해친다. 북아메리카의 많은 곳에서 광범위한 도시들에 전기를 공급하기 위해 수력 발전 댐이 건설되었다. 또한 그로 인해 의도하지 않게 많은 어종의 이주와 분산 경로가 막혀서 새로운 지역으로 이주하여 번식하지 못하게 되었다. 모오케를 포함한 물고기에게 이것은 아우토반에 베를린 장벽을 세운 것과 같았다. 다른 많은 민물고기처럼, 모오케는 산란지로 이동하는 것을 선호하기 때문에 일단 정해진 경로를 빼앗기면 번식할 수 없다. 보통 암컷 모오케 한 마리가 최대 300만 개의 알을 낳을 수 있다. 바로 여기에서 예전에 이 어종이 얼마나 흔했는지를 알 수 있다. 그러나 현대에 들어 모오케 수가 줄어들어 때때로 제한적으로 서식하면서 단일 세대 안에서 개체가 붕괴됐다. 맛있다는 평판에도, 모오케는 상업용 어종으로 높은 평가를 받지 못하기 때문에 큰 보호를 받을 수 없다. 하지만 예전에는 전혀 그렇지 않았다.

역사적으로 모오케는 엄청난 사업 성공 스토리를 보장했다. 사업가 테드와 조지프 로웰은 1930년대 미네소타에서 모피농장을 운영했다. 당시 모오케는 값싸고 풍부했고 지역에서 쉽게 구할 수 있다. 사육하는 여우에게 모오케를 먹이로 주기 시작했고, 놀랍게도 이 청회색 여우 모피는 미국 최고의 모피로 유명해졌다.

> 보통 암컷 모오케 한 마리가 최대 300만 개의 알을 낳을 수 있다.

아름답고 훌륭한 여우털

새롭게 유명해진 이 훌륭한 여우털을 보고 테드와 조지프는 생각에 잠겼다. 약사였던 테드는 여우 먹이로 주었던 '등가시치'에 여우털을 아주 좋게 만들어줄 수 있는 무언가가 있지 않을까 궁금하게 여기기 시작했다. 그는 항상 자기를 드러내지 않는 모오케가 추위를 이기기 위해 천연 오일인 '모오케 오일'을 만들어낸다는 사실을 발견했다. 거기에는 전통적인 대구 간유보다 비타민 D는 네 배, 비타민 A는 열 배나 많이 함유되어 있었다. 그뿐만 아니라 모오케는 이 오일을 많이 만들어낸다. 테드와 조지프는 성분 분석을 위해 한 실험실로 모오케 오일 샘플을 보냈고, 곧 놀라운 결과를 받았다. 오일이 만들어지는 모오케의 간은 자기 무게의 10%를 차지하는 반면에 인간의 간은 무게의 2%도 안 된다. 따라서 여우털의 품질을 향상시키고 고객들을 감동시키는 원인은 바로 이 오일인 셈이다.

테드와 조지프는 새로운 사업에 착수해볼 생각을 하고 소액으로 '버봇 리버 프로덕츠 컴퍼니(Burbot Liver Products Company)'라는 가족 회사를 설립했다. 그러나 제2차 세계대전이 시작되었고 대구 간유 수출은 중단되었다. 하지만 세상에 새로운 것은 없었다. 모오케 간이 수백 년 전에 프랑스에서 당시 숙녀들에게 인기 많은 별미였다는 사실이 밝혀졌는데 이유는 같았다. 윤기나고 아름다운 머리카락과 피부에 좋기 때문이었다.

모오케는 강인하다. 이 물고기는 추위 속에서 태어난다. 모오케의 번식기는 초겨울부터 초봄까지이기 때문에, 대개 얼음 밑에 알을 낳는다. 한겨울에도 동면하지 않고 돌아다니는 모오케 덕분에 우리 조상들은 영양분 있는 먹거리를 찾기 힘든 추운 지역에서 굶주리지 않고 살아남을 수 있었다. 우리는 이 물고기에게 감사의 빚을 졌다. 그럼에도 이 독특한 물고기의 매력이나 중요성을 계속 잊고 있지는 않은가.

모오케는 추위를 정말 좋아한다.

29

큰귀상어

{Sphyrna mokarran}

일반명

스쿼트헤드 해머
(squat-headed hammer),
자르주르(jarjur, 아랍어)

몸길이

최대 6m

서식지

열대 수역

눈에 띄는 특징

망치 모양의 머리

개성

은둔적

좋아하는 것

노랑가오리

특별한 기술

구르기 동작

보존 상태

심각한 멸종 위기

전 세계 바다를 광범위하게 돌아다니다 보면 머리에 진짜 연장이 붙은 물고기 몇 종이 보일 것이다. 수중 기술자가 쓸 수 있는 연장은 황새치(14~17쪽 청새치 참조) 형태의 칼, 톱상어의 얼굴 끝에 있는 톱, 아마 가장 이상한 것일 텐데 상어 머리 형태의 해머다. 우리가 연장인 해머를 발명한 것은 비교적 최근의 일이지만, 이 이상한 귀상엇과의 물고기들이 나무망치 모양의 머리를 하고 있게 된 지는 2억 년 이상 되었다. 이 망치의 목적이 무엇인지에 대해서 많은 해양 생물학자들이 오랫동안 고민해 왔다. 문제는 그럴듯해 보이는 답이 네 개 있지만 아마 정답일 가능성이 있는 것은 하나밖에 없다는 점이다.

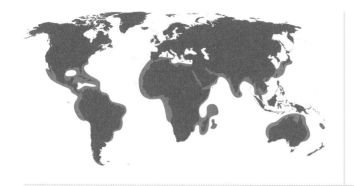

이 망치의 목적이 무엇인지에 대해서는 많은 해양 생물학자들이 오랫동안 고민해왔다.

귀상엇과(Sphyrnidae)에는 9종의 상어가 있는데, 그 영어 이름들은 모두 유명한 머리 모양을 고려하여 지어졌다. 날개머리상어(*Euspbyra blochii*)는 내가 요새 좋아하게 된 상어인데, 그 비정상적인 머리가 몸 크기의 50%나 된다. 귀상어(*Sphyrna zygaena*)는 DIY 상점에서 판매하는 연장 이름처럼 들리는데, 귀상엇과에서 두 번째로 큰 상어다. 그다음은 홍살귀상어(*Sphyrna lewini*)로, 많은 수가 떼를 이루는 모습을 TV 자연사 프로그램에서 종종 볼 수 있다. 점점 이 종이 대규모의 떼를 이루는 것을 보기가 어려워지고 있는데, 상어 지느러미의 불법거래로 인해 큰 타격을 입었기 때문이다. 홍살귀상어는 밤에는 고독한 사냥꾼이 될 수 있지만 낮에는 떼를 이루는 유일한 상어다. 홍살보닛머리상어(*Sphyrna corona*), 주걱머리상어(*Sphyrna media*), 보닛머리상어(*Sphyrna tiburo*), 작은눈귀상어(*Sphyrna tudes*), 최근(2013년) 발견된 캐롤라이나귀상어(*Sphyrna gilberti*) 모두 매력적이고 그림 그리듯이 설명해주는 이름을 갖고 있을 뿐만 아니라 객관적으로 아주 뾰족한 머리를 뜻하는 학술적 명칭인 세팔로포일(cephalofoil)을 갖고 있다.

망치 머리인 이유

이 모든 종이 머리 모양을 계속 갈라지도록 유지하고 있는 것으로 볼 때 그 형태가 진화적으로 중요한 목적이 있는 것이 분명하다. 그렇다면 그 목적이 무엇일까? 일부 어류학자들은 상어가 좀 더 효율적으로 헤엄칠 수 있도록 하기 위해서라고 생각한다. 수중익 표면이 물의 저항을 줄이고 상어가 헤엄칠 때 상어

를 들어올려 준다. 간단히 말해서 물에서 움직일 때 에너지를 덜 쓰기 때문에 보다 효율적이라는 뜻이다. 큰귀상어가 일종의 구르기 동작을 하며 측면으로 헤엄치는 것이 관찰되었는데, 이는 큰 등지느러미와 가슴지느러미 덕분에 최소한의 노력으로 상당한 속도를 내면서 돌아다닐 수 있다는 의미다.

두 번째 가설은 그런 형태의 머리로 진화한 것이 모래에 파묻힌 물고기를 사냥할 수 있도록 하기 위해서라는 것이다. 큰귀상어는 특히 노랑가오리를 좋아한다. 많은 귀상어가 고통스럽더라도 가오리를 맛있게 먹은 뒤 얼굴에 가오리의 침이 박힌 채로 관찰되었다. 보통은 상어가 가오리의 독침에 면역이 있을 수도 있다는 증거도 있다. 귀상어가 모래 위에서 헤엄칠 때 머리를 좌우로 돌리는 것을 볼 수 있는데, 마치 로마시대의 동전을 찾는 금속탐지기처럼 신호를 찾는 것 같다. 상어의 머리에 많이 있는 전기수용체에 희미한 신호가 잡히면, 상어는 그 신호를 삼각 측량하고 먹잇감의 위치를 정확히 파악하여 불시에 습격하여 잡아챈다.

세 번째 가설은 귀상어가 더 잘 볼 수 있도록 진화했다는 것이다. 이것은 비교적 새롭게 제시된 의견으로, '망치'의 양끝에 달린 작은 눈을 고려하면 금방 이해되지 않을 수도 있다. 귀상어는 항상 눈의 위치 때문에 단안 시력을 보유했다고 여겨졌다. 그러나 연구 결과 귀상어는 훌륭한 쌍안 시력을 갖고 있다는 것이 밝혀졌다. 사실 상어들 중에서 시력이 가장 좋다. 그 덕분에 사냥하는 동

큰귀상어의 입은 항상 머리 크기와 균형이 맞지 않는 것 같다.

안에도 먹잇감을 잘 볼 수 있고 깊이 감각도 훌륭하다. 이것은 특히 빨리 헤엄칠 때와 노랑가오리를 유인할 때 유용하다.

네 번째이자 마지막 가설은 그 놀라운 머리를 진화시킨 것이 먹잇감을 억눌러서 안전하게 먹기 위해서라는 것이다. 노랑가오리의 날개를 물어뜯는 동안 망치 머리로 가오리를 억눌러서 쉽게 먹고 동시에 가오리가 빠져나갈 가능성을 줄인다는 보고들이 있다. 큰귀상어는 연골어류의 같은 목에 있는 다른 상어와 가오리들을 포함하여 자기 종족을 잡아먹는 전문가다. 그래서 상어를 잡으려면 상어가 필요하다는 말은 과언이 아니다.

대형 쇠망치부터 작은 나무망치까지

이 논란에 대한 해답은 놀랍게도 DNA 분석 분야에서 나왔다. 콜로라도 볼더 대학교의 앤드루 마틴(Andrew Martin) 교수가 지도하는 연구팀은 보다 반직관적인 의견이 사실일 수도 있다고 밝혔다. 많은 생물학자가 망치 머리의 특징은 아마 보닛머리상어처럼 생긴 조상으로부터 작게 시작되었다가, 그로 인해 상어가 생존이 유리해지자 더 크고 극단적인 머리 형태로 진화했을 것이라고 생각했다. 그러나 실제로 상어의 조상은 거대한 머리를 갖고 있었다. 나는 요즘 망치 머리 원형과 가장 비슷한 '날개머리상어'를 좋아하게 되었다. 그들은 커다란 머리로 시작해서 서로 다른 환경에서 좀 더 작은 머리로 진화했다.

귀상어는 훌륭한 쌍안 시력을 갖고 있다는 것이 밝혀졌다.

위 가설들 중에서 어떤 것이 맞을까? 진실은 네 가지 가설 모두 온대와 남반구 바다 사이의 대륙붕과 연안에서 발견되는 귀상어 그룹이 성공적으로 진화하는 데 기여했을 가능성이 있다는 것이다. 해양 생물학자들은 귀상어가 아주 남다른 머리를 갖게 된 정확한 이유를 알아내기 위해 계속해서 과학 수사를 하듯이 자세히 조사할 것이다.

Chapter 5

극한의 환경에서
사는 물고기

물고기는 극한 환경에서 생존하기 선수다. 뜨거운 온천부터 얼음처럼 차가운 물까지, 얕은 강바닥부터 높은 수압에 칠흑처럼 어두운 심해까지, 물이 있는 거의 모든 서식지에서 발견되는(이따금 물에서도 발견되지 않는) 물고기는 그 생태가 진화적으로 급변해 위장술의 최고 거장이자 서식하는 모든 생물군계의 주인이 될 수 있다. 이제부터 소개할 놀라운 물고기들은 소위 '정상'에서 벗어나 한계까지 얼마나 갈 수 있는지를 보여주는 훌륭한 사례다. 우리는 이 종들을 통해 기존의 모든 인식을 바꿀 수 있는 새로운 깨달음을 얻을 수 있을 것이다.

30

흑지느러미빙어

{Chaenocephalus aceratus}

일반명

블랙핀빙어,
스코샤해빙어

몸길이

약 30~50cm

서식지

남극해

눈에 띄는 특징

비늘 없음,
긴 주둥이, 줄무늬

개성

활기 부족

좋아하는 것

작은 어류, 크릴

특별한 기술

얼음처럼 차가운
물에서 살 수 있음

보존 상태

미평가

제 임스 본드 영화에 등장하는 악당의 이름 같지만, 흑지느 러미빙어 또는 악어빙어(crocodile icefish)는 정말로 무 해하다. 그러나 이 물고기를 보려는 것은 위험한 시도다. '남극 빙어과'라는 이름으로 최소 16종이 있는 이들은 모두 남극해 에서만 서식한다. 남극해는 남극을 둘러싼 거대한 반구형 바 다로, 세계에서 가장 차가운 바다다. 수온이 영하 1.8℃까지 내 려갈 수 있는데, 이는 자칫하면 사람의 정맥혈이 얼 정도로 낮 은 온도다. 우리는 수온이 0℃만 되도 15분 만에 의식을 잃고 45분 안에 죽을 것이다. 따라서 이 물고기들은 분명 이런 극한 추위 속에서 살기 위해 특별한 방법으로 적응했을 것이다. 그 렇다면 그 적응이란 무엇일까?

남극해처럼 추운 곳에서 살기 위해서는 특별한 적응을 해야 한다.

피를 녹이다

혹한에서 살아남는 좋은 방법은 몸에 부동액을 가득 채우는 것이다. 당연히 자동차 엔진에 넣는 진짜 부동액이 아니라 그와 같은 기능을 하는 것을 말하는 것이다. 물고기 체내에 있는 물의 어는점을 낮춰주는 물질을 뜻한다. 빙어의 몸 속에는 혈액에서 얼음이 형성될 때 얼음 결정에 붙어 얼음이 더 커지지 못하게 하는 글리콜 단백질로 구성된 천연 부동액이 있다. 이 물질 덕분에 얼음 결정 들이 융합할 수 없고 혈액이 완전히 얼지 않는다. 차가운 물은 차가운 공기에 비해 우리 몸에서 열을 30배나 빨리 빼앗는다. 남극 대륙의 연안 대륙붕에서 먹이를 구할 때 추위에 대비하여 반드시 보호책이 필요했던 빙어는 마침내 생존 전략을 만들어냈다.

빙어의 적응 방법은 단순히 부동액에 그치지 않았다. 빙어는 얼어붙은 바닷물에서 살아남는 데 불필요하고 관계없는 모든 특징은 없애도록 진화했다. 밀도를 낮춘 뼈는 너무 가벼워서 힘을 아주 적게 들이고도 헤엄칠 수 있다. 또 빙어는 신진대사 속도가 아주 느려서, 자주 먹지 않아도 된다(그러나 먹을 때는 악어 턱처럼 터무니없이 큰 턱으로 아주 많은 양을 먹을 수 있다). 또한 일반적으로 다른 어종과의 경쟁을 피한다. 빙어는 또한 지구상에서 유일하게 혈액에 헤모글로빈(적혈구)이 없는 척추동물이다. 그래서 빈혈이 심하고 외계 생명체에게나 있을 법한 수치의 백혈구를 갖고 있다. 다른 모든 척추동물은 몸 곳곳에 산소를 운반하기 위해 혈액이 필요하다. 그렇다면 빙어는 적혈구가 없는 이 독특한 상태에서 어떻게 온몸으로 산소를 운반할까?

산소가 없는 물고기라고?

현재 이 주제에 대해서는 상당히 많은 과학적 연구가 이루어졌다. 그 배경에는 얼어붙을 듯한 환경에서 빙어가 살 수 있는 이유를 알 수 있다면, 자연스럽게 붉은 혈액이 없는 생명의 비밀을 더 깊이 밝혀내고 거기에서 성과를 거두고자 하는 바람이 부분적으로 작용했다. 지금까지 밝혀진 것은 아주 복잡한데, 간략히 정리하면, 우선 혈액을 주로 구성하는 물질은 두 가지다. 먼저 혈액의 약 55%는 혈장으로, 물과 이온, 미네랄, 영양분, 혈액을 타고 돌아다니는 많은 노폐물을 함유한 액체다. 나머지 45%는 적혈구와 백혈구, 혈소판이라는 세 종류의 세포로 구성된다. 적혈구는 혈액을 붉은색으로 만들어주며 산소와 결합하여 우리 몸 곳곳에 산소를 공급해 주는 데 필요한 헤모글로빈 단백질을 함유하고 있다. 백혈구는 면역계에서 중요한 무기이며, 혈소판은 응고를 일으켜서 출혈을 막는다.

헤모글로빈이 없는 물고기도 몸 전체와 기관에 산소를 운반해야 한다. 그러면 빙어는 어떻게 할까? 빙어는 혈장을 통해 산소를 운반하는 것으로 드러났다. 이 방법은 산소 운반 측면에서 헤모글로빈을 이용하는 것만큼 효율적이진 않다. 즉 빙어가 움직이는 데 필요한 엄청난 양의 혈장을 내보내기 위해 심장을 훨씬 크게 진화시켜야 했다. 또한 이렇게 많아진 혈장을 몸 곳곳으로 보내려고 혈관을 확장시켰는데, 덕분에 빙어는 극한 추위에서도 충분히 살 수 있게 되었다. 심장 근육(산소를 엄청 원하는 기관으로 악명 높다)도 해면질이어서 혈장이 지나갈 때 혈장에서 산소를 직접 흡수할 수 있다.

모든 것이 멋지고 놀랍지만, 적혈구가 없어서 얻는 장점은 사실 없는 것 같다. 자연에는 우연히 일어나는 것이 없다. 모든 것은 큰 압력에 의해 추진되었으며, 우리는 그저 그것을 찾아내야 한다. 과학자가 생각해낸 유일한 해답도 모호할 뿐이다.

> 빙어는 어떤 면에서 자연이 진화 실험을 '잘못한' 극소수의 사례 중 하나로 여겨질 수도 있다.

경쟁 상대가 없다

빙어의 게놈 지도가 완성됨에 따라 우리는 흑지느러미빙어가 7,700만 년 전에 진화했다는 것을 알게 되었다. 이 물고기와 공통 조상을 가진 또 다른 물고기는 앞에서 소개된 큰가시고기(48~51쪽 참조)이다. 지구 역사에서 그 당시는 백악기 후기의 샹파뉴절로, 육지에는 티라노사우루스가 돌아다니고 있었고 해수면은 지금보다 훨씬 높았다. 북아메리카는 여러 조각으로 나뉘어 있었고 남극은 계속해서 세계의 바다 쪽으로 흘러가고 있었다. 남극이 현재 위치에 자리잡게 된 것은 4,000만 년 전의 일이다. 남극이 남쪽으로 갈 때, 이상한 작은 물고기도 함께 갔다.

아직 그 이유는 알려지지 않았지만, 진화의 큰 동인 가운데 하나인 생태학적 경쟁이 사라졌다. 남극 대륙이 남쪽으로 갈수록 바다가 더 차가워지면서, 경쟁 상대가 없는 이러한 환경은 헤모글로빈이 없는 물고기가 등장하고 생존하여 계속 번식하게 했다. 헤모글로빈이 없다는 실질적인 이익은 없었어도, 당시에는 그것이 빙어에게 방해가 되지 않았다. 헤모글로빈이 있고 생존을 더 잘할 수 있는 경쟁 상대가 주위에 없었기 때문에 '핏기가 없는' 빙어가 태어났다.

우리는 이 놀라운 물고기의 수많은 적응 방법에서 무엇을 배울 수 있을까? 우리가 살아남으려면 붉은 피가 필요하다는 것 외에는 거의 없는 것 같다. 빙어는 어떤 면에서 자연이 진화 실험을 '잘못한' 극소수의 사례 중 하나로 여겨질 수도 있다. 그러나 어쨌든 빙어는 살아남았다. 그 자체로 충분히 훌륭한 일이다.

남극의 스쿠버다이버가 아닌 한, 빙어는 지구에서 가장 보기 힘든 물고기다.

31

멕시코테트라

{Astyanax mexicanus}

일반명
장님동굴물고기

몸길이
약 7.5cm

서식지
어두컴컴한 동굴

눈에 띄는 특징
맹목, 무색

개성
불면

좋아하는 것
에너지 절약

특별한 기술
포만감을 모름

보존 상태
관심 대상

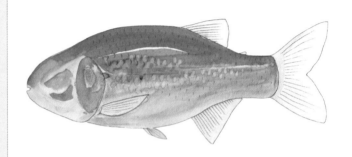

멕시코테트라는 녹색을 띤 작은 물고기로 머리 양옆에 아주 크고 뚜렷한 눈이 있다. 멕시코 누에시스강과 페코스강부터 미국으로 올라가는 리오그란데강을 거쳐 텍사스까지 이어지는 따뜻한 강물에서 야생 상태로 발견되는 이 물고기는 수족관용으로 인기 있고 매력 있는 종이다. 이들은 많은 수가 무리를 이루며 흔히 볼 수 있는 종이다.

테트라가 특별한 진짜 이유는 형태가 다른 (쌍둥이)형제 물고기(멕시코장님물고기)가 있기 때문이다. 동굴에서만 살고 약간 분홍빛이 도는 무색의 맹목 형태인 이 물고기는 테트라와 발생학적으로 동일한 종이다.

지킬 박사와 하이드

어떻게 이런 일이 일어났을까? 지킬 박사와 하이드처럼 이 물고기 안에 괴물이 숨어든 걸까? 아니면 맹목 형태인 멕시코장님물고기는 시에라 델 아브라 동굴의 넓고 광범위한 생태계에서 모든 기회를 최대한 활용하기 위해 눈에 띄게 적응한 종인 걸까? 이 생태계에는 약 30개의 큰 동굴이 있고, 동굴마다 이런 물고기가 서식하고 있다. 동굴에는 몰리노, 로스 사비노스, 예르바니즈, 쿠에바 치카 등 각각 이름이 붙여져 있다. 특히 쿠에바 치카는 1936년에 맹목 형태의 테트라가 처음으로 발견된 곳이며, 현재 수족관에서 사육되고 있는 모든 개체는 이곳에서 데려온 것이다. 이 동굴들은 모두 전문 동굴 탐사 장비가 있어야 들어갈 수 있으며, 각 동굴에는 외형적으로 눈이 있는 멕시코테트라, 눈이 없는 멕시코장님물고기는 물론 그 중간 형태의 물고기 등이 섞여 있다.

그렇다면 왜 눈이 멀게 된 걸까? 장님동굴물고기는 진화 중에서 질적으로나 양적으로 가장 훌륭하게 많이 연구된 사례다. 모순적이지만 이 종은 더 빠르게 움직이고, 더 잘 보고, 다른 물고기의 서식 공간을 빼앗고, 계속 움직이는 데 필요한 에너지를 충분히 얻어야 하는 압력을 받아 이렇게 진화한 것이다. 그 압력이 바뀐다면, 아주 창조적인 진화가 이루어질 수 있다.

멕시코장님물고기는 평생을 완전히 캄캄한 곳에서 살기 때문에 보기 위해 빛이 필요한 눈을 발달시킬 필요가 없었다. 뉴런과 망막, 수정체로 눈을 만들고 발생시키는 것뿐만 아니라 시각을 통해 얻은 정보를 뇌로 다시 전달하려면 많은 에너지가 필요하다. 이 물고기는 자신이 살고 있는 빛이 없는 환경에서 시력이 없어도 생존할 수 있으며 그에 따라 일일 에너지 필요량의 많은 부분을 아낄 수 있다.

시각적 정보 처리에 필요한 에너지를 절약한 결과, 멕시코장님물고기의 뇌는 빛으로 살아가는 비슷한 크기의 친척 물고기에 비해 작아졌다. 본질적으로 뇌가 크면 기능을 하고 유지하기 위해 에너지가 필요하다. 따라서 뇌의 크기가 줄어들면 자동적으로 에너지 비축량을 보존할 수 있다. 최근 연구에 따르면, 멕

멕시코테트라는
빛이 없는 환경에서
시력 없이도
생존할 수 있다.

시코테트라는 정보 처리를 위해 뇌 용량의 23%를 사용하는 반면에 멕시코장님물고기는 10%만 사용한다. 이 말은 동굴이 포식자가 거의 없어서 살기엔 좋지만 이런 생활방식은 큰 희생을 치러야 한다는 뜻이다. 특히 빛이 없는 동굴에서 생존하는 데 충분한 먹이를 찾는다는 것은 결코 만만한 일이 아니다. 이때 물고기가 많은 연료가 드는 커다란 엔진 없이 지낸다면, 많은 연료가 필요하지 않을 것이고 살아남을 가능성이 더 커진다. 이 이론을 '비싼 조직 가설'이라고 하는데, 장님동굴물고기가 사는 거의 외계 같은 세계에서 특히 타당한 가설이다.

감각기관의 상실

멕시코장님물고기는 감각을 자연스레 상실하게 된 환경에 훨씬 잘 적응했다. 지금까지 이 물고기들에 대해 밝혀진 내용은 이들이 잠을 거의 자지 않고, 먹이를 잔뜩 먹는 법이 없으며, 혈당 수치가 평균적인 사람이라면 죽을 수준이라는 사실이다. 하지만 이들은 건강하고 적당히 활동적이다. 이 물고기들에 대한 연구는 당뇨병과 자폐증 이해에 도움이 되고 있다. 모두 대낮의 빛을 절대 보지 못하는 물고기에게서 배운 것이다.

멕시코장님물고기는 아무 때나 자는데, 수면 시간이 하루에 평균 두 시간을 넘지 않는다(멕시코테트라는 매일 여섯 시간을 잠잔다). 제한된 환경에서는 먹이가 부족하기 때문에 먹잇감이 보이면 절대 놓쳐서는 안 된다. 또한 이들은 거의 모든 동물과 식물이 어떤 형태로든 갖고 있는 생체시계나 24시간 주기 리듬이 없다. 사람은 24시간 주기 리듬을 갖고 있기에 대체로 낮의 햇빛을 받지 못할 때조차 시간을 대충 알 수 있다. 이런 생체시계를 작동하는 것은 아주 중요해서 우리 몸은 생체시계에 많은 에너지를 할애한다. 그래서 우리는 하루 중 시간을 판단할 수 있다. 하지만 멕시코장님물고기는 밤이 영원히 계속되는 변치 않는 세계에서 살기 때문에 이 능력을 상실했다.

그다음 문제는 먹는 것이다. 멕시코장님물고기는 몸에 '포만감'을 알려주는 유전자가 없다. 게다가 멕시코테트라보다 지방을 최대 네 배까지 체내에 저장할 수 있다. 사람도 이 유전자가 없는 경우가 때때로 있는데, 그 부작용은 대단히 크다. 포만감은 우리 몸이 처리할 수 없을 정도로 음식을 과다 섭취하지 않게 하는 방법이다. 그러나 멕시코장님물고기는 이 느낌을 절대 느낄 수 없다. 이 물고기의 높은 혈당 수치 역시 사람과 다른 동물들에게는 아주 위험한 수준이다. 우리 몸은 혈당을 조절하기 위해 췌장에서 인슐린 호르몬을 만들어서 낮은 수준으로 자연 유지한다. 인슐린이 없다면 우리 세포는 필요한 포도당을 흡수할 수 없고 제대로 기능하지 못한다. 인슐린을 충분히 생산하지 못하면 당뇨병에 걸린다는 사실은 잘 알려져 있다. 멕시코장님물고기는 인슐린이 아예 없지만 그럼에도 세포가 제 기능을 한다. 어떻게 그것이 가능한지 알아낼 수 있다면, 수많은 사람들의 삶을 개선시키는 데 한 걸음 더 다가갈 수 있을 것이다.

멕시코장님물고기는 인슐린이 아예 없다.

다음 식사가 언제 올지 알 수 없는 동굴에서는 먹이를 실용적으로 섭취해야 한다. 예를 들어 멕시코장님물고기는 주식으로 박쥐의 배설물을 먹기도 한다는 것이 밝혀졌다. 일단 먹이의 출처를 발견했으면 그것을 최대한 활용해야 한다. 멕시코장님물고기는 배고픈 순간에는 반드시 깨어 있어야 하고 먹이도 가리지 말아야 한다. 혈당을 낮게 유지하려고 시간과 에너지를 쏟는 것은 순전히 시간 낭비가 될 것이다. 멕시코테트라도 이런 적응 특징을 보이지만 사용하지는 않는데, 이 점이 흥미로운 부분이다.

생물학자들은 이 이상한 '대체' 물고기를 연구하여 원인이 되는 유전 과정을 더욱 완전히 알아내고, 그로 인해 인간에게서도 비슷한 특징을 찾아내어 많은 생명을 구할 수 있게 되기를 바라고 있다.

32

아로와나

{*Osteoglossum bicirrhosum*}

일반명

용물고기, 골설어

몸길이

최대 90cm

서식지

열대 수역

눈에 띄는 특징

콧수염 달린 뱀

개성

창업가처럼
도전적이고 모험적

좋아하는 것

밤에 먹기

특별한 기술

물 밖으로 2m 정도
뛰어오르기

보존 상태

멸종 위기

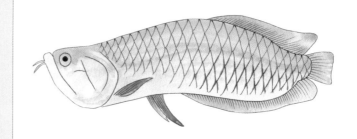

투명인간이 수면에 패턴을 그리는 것처럼 수면에 작은 일
렁임이 있으면 아로와나가 모습을 드러내려는 것이다.
아로와나는 쥐라기 후기(약 1억 6,350만~1억 4,500만 년 전)에 태
어나서 지금까지 생존에 성공한 물고기다. 당시에는 지구의
육지 대부분이 곤드와나 대륙이라고 하는 하나의 거대한 '초
대륙'이었다. 골설어과(*Osteoglossidae*)에는 남아메리카, 아프
리카, 아시아, 오스트레일리아의 열대 지역에 걸쳐 서식하는
9개의 대표 어종이 있다. 이들은 모두 작고 멋진 콧수염과 뱀
처럼 구불구불한 몸을 갖고 있어서 쉽게 알아볼 수 있다. 학명
인 '*Osteoglossidae*'를 번역하면 '뼈 같은 혀'로, 라틴어로 뼈
를 뜻하는 osteo와 혀를 뜻하는 glossum의 합성어다. 발음은
이상하지만 아주 적절한 이름인데, 아로와나 입안에는 먹잇감
을 부수는 데 사용되는 이빨로 덮인 뼈 같은 혀가 있기 때문이
다. 아로와나는 사냥꾼이다. 동굴처럼 움푹 들어간 입은 오로
지 먹잇감을 잡아챌 때만 사용한다.

아로와나의
입안에는
이빨로 덮인
뼈 같은 혀가 있다.

아마존강 유역의 초능력자

아로와나는 물속에서는 물론이고 물 밖에서도 먹이를 잡을 수 있는 놀라운 초능력을 갖고 있다. 남아메리카에서 아로와나는 아마존강 유역에 서식한다. 매년 같은 시기에 비가 끊임없이 내리기 시작하면 이들의 서식지는 금세 세 배로 커진다. 강물이 기슭 밖으로 넘쳐흐르고 주변 열대우림 지역은 물에 잠긴다. 그 결과 수중 세계가 넓어지고 초목이 물에 잠겨 강물 속은 수중 정원이 된다. 바로 이때 모험심이 강한 어종에게는 새로운 기회가 생긴다. 아로와나는 이제 물에 잠긴 삼림의 낮은 나뭇가지에 매달려 있는 먹잇감에서 기회를 발견할 수 있을 것이다. 물고기 세계에서 높이뛰기를 가장 잘하는 이 어종의 서식 범위 안에 이제는 나무에 사는 거미와 딱정벌레 등 모든 곤충도 들어오게 되었기 때문이다.

아로와나는 물에 떠 있는 상태에서 물위로 2m까지 뛰어올라 나뭇가지에 대롱대롱 걸려 있는 먹잇감을 낚아챌 수 있다. 가끔씩 아로와나의 뱃속에 새와 박쥐가 들어 있는 것은 이 때문이다. 아로와나는 자기 몸길이보다 두 배나 더 높이 도약할 수 있다(정말 큰 아로와나의 몸길이는 1m나 된다). 이것을 사람의 입장에서 설명해 보자. 쿠바의 높이뛰기 선수인 하비에르 소토마요르(Javier Sotomayor)는 1993년 스페인 살라만카에서 2.45m를 뛰어 세계 기록을 세웠다. 그의 키는 195cm이므로, 아로와나와 경쟁하려면 무려 3.9m를 뛰어야 하는 셈이다.

아로와나가 이렇게 높이 뛰어오를 수 있는 것은 뱀처럼 구불구불한 몸 덕분이다. 이들은 등을 활 모양으로 굽혀서 몸을 거의 완벽한 S자 모양으로 구부리며 가슴지느러미를 넓게 펼치고 꼬리를 납작하게 만든다. 그리고 사일로를 떠난 로켓처럼 몸을 밀어 올리면서 근육을 쭉 펴고 도약한다. 이렇게 깔끔하게 물 밖으로 뛰어오르는 능력 때문에 남아메리카에서 '물원숭이'라는 꽤 재미있으면서도 특징을 잘 설명해주는 별명을 얻게 되었다.

선사시대의 우아함

아로와나의 우아한 겉모습은 전 세계 수족관 거래업자들의 흥미를 돋우지만, 이들을 담을 수조의 뚜껑은 최대한 단단한 것이 좋다. 만약 뚜껑이 열렸다가는 수족관 관리자들이 돌아버릴 테니 말이다. 2009년 인도네시아에서 알비노(albino) 수퍼레드아로와나(*Scleropages legendrei*) 성어가 중국의 한 관리에게 30만 달러에 판매되었다는 보고가 있었다. 싱가포르와 말레이시아, 인도네시아에서 '멸종 위기에 처한 야생 동·식물의 국제거래에 관한 협약(Convention on International Trade in Endangered Species of Wild Founa and Flora, CITES)'에 등록된 아로와나 양어장은 150개다. 양어장에서는 도난 방지를 위해 아로와나에 칩과 DNA 태그를 부착한다. 작은 아로와나의 판매가는 2천 달러 정도 된다. 심지어 물고기 성형외과 의사도 있어서 필요할 경우 아로와나를 더 예쁘게 만들어줄 수 있다. 아로와나 수집과 거래를 둘러싸고 온갖 속임수와 음모가 혼재하며 지하경제에서는 거액의 돈이 부도덕하게 거래된다. 2012년 이후 그 거래액은 약 2억 달러나 되는 것으로 추산되었다.

> 작은 아로와나의 판매가는 2천 달러 정도 된다.

이 모든 광기의 중심에 있는 물고기가 바로 아시아아로와나(*Scleropages formosus*)다. 멸종 위기에 처한 이 물고기는 CITES 목록의 부록I에 있는 민물고기 8종 가운데 하나다. 이로써 아로와나는 코뿔소 뿔, 코끼리 상아와 함께 가장 엄격하게 법률의 보호를 받게 되었다. 야생 아시아아로와나는 동남아시아 전역에서 일배체형(형태적으로는 구별되지만 같은 종으로 간주되는 유형)으로 발견된다. 가장 흔하게 볼 수 있는 아로와나는 인도네시아 전역에서 발견된다. 실버아시아아로와나(*Scleropages macrocephalus*)는 보르네오섬에서, 붉은꼬리골든아로와나(*Scleropages aureus*)는 수마트라섬에서, 아시아아로와나는 말레이시아 반도에서, 마지막으로 수퍼레드아로와나는 보르네오섬의 몇몇 강에서만 발견된다.

야생에서 사는
붉은 아로와나는
동남아시아에서만
발견된다.

광기를 넘어서

이 다양한 형태의 아로와나가 서식하는 강들이 팜유 거래로 인한 환경오염 때문에 심각한 피해를 받았다. 환경오염으로 열대우림이 광대하게 파괴되었고 지하수면과 자연 하천 수계도 심하게 훼손되었다. 아로와나는 또한 번식 속도가 느려서 생후 3~4년이 되어야 성적으로 성숙하고(대부분의 물고기는 이 정도 되면 아주 늙은 상태다), 알도 30~60개 정도밖에 낳지 못한다. 암컷이 알을 낳으면 수컷이 커다란 입으로 그 알들과 치어를 돌본다. 아로와나뿐만 아니라 가까운 친척 관계의 물고기들도 매우 큰 압박을 받고 있다.

아로와나를 보호하려는 의지가 있어도 수족관 거래는 곤궁에 처한 아로와나에게 도움이 되지 않는다. 아로와나는 수족관에서 수월하게 번식하지만, 다시 자연으로 놓아주고 싶어도 놓아줄 서식지가 없다. 아로와나를 키우는 많은 사람이 집착하는 또 한 가지는 이 물고기의 자연스러운 아름다움과 이를 더욱 높이는 것이다. 그래서 서로 다른 일배체형을 교배하여 다양한 색깔의 교배종을 만든다. 알비노도 비싸지만, 가장 인기 있는 색은 '금색과 빨간색'이다.

중국에서는 아시아아로와나를 '용물고기'라고 하는데, 빛을 반사하는 큰 비늘, 작은 수염, 꿈틀대는 동작을 보면 그 이유를 쉽게 알 수 있다. 또한 집에서 아로와나를 키우면 풍수지리적으로 음(물 기운)과 양(바람 기운)이 조화를 이루어 좋다고 여긴다. 이 말은 아로와나가 아주 소중하고 애지중지하는 재산이라는 뜻이다. 심지어 전해져 오는 전설에 따르면, 이 물고기가 자기를 희생하여 뛰어내려서 주인의 목숨을 구했다고도 한다.

33

악마구멍송사리

{Cyprinodon diabolis}

일반명
한때 'so good(너무 좋다)'으로 불림

몸길이
최대 3cm

서식지
죽음의 계곡에 있는 동굴

눈에 띄는 특징
배지느러미가 없음

개성
유명인사 같진 않음

좋아하는 것
뜨거운 것

특별한 기술
불리한 환경에서 살아남기

보존 상태
심각한 멸종 위기

송사리를 보고 강아지 같다고 하는데,
이 물고기가 장난을 아주 좋아한다는
유쾌한 평가를 받고 있기 때문에 나온 말이다.

지구상에서 가장 뜨거운 서식지에서 살 수 있는 생명체는 얼마 되지 않는데, 마침 그중에 물고기가 있다. 미국 네바다주에 있는 데스밸리(대부분 사막이며, 높은 산지에 둘러싸여 있으며 개척기에 '죽음의 계곡'이라 부른 곳이다)는 라스베이거스에서 209km밖에 떨어져 있지 않은데, 역대 최고 기온을 기록한 장소다. 1913년 7월 10일 조사 지정지인 퍼니스 크릭(Furnace Creek)에서 그 이름에 어울리게 무려 56.7℃가 측정되었다. 이곳은 해발고도가 해수면보다 낮을 정도로 북아메리카 대륙에서 가장 낮고, 비가 거의 내리지 않으며, 산맥 사이에 위치하기 때문에 물고기를 발견할 수 없을 것 같은 장소다. 그러나 놀랍게도 악마구멍(Devils Hole)이라고 알려진 대수층 형태의 마르지 않는 샘에서 악마구멍송사리를 볼 수 있다.

장난꾸러기 송사리

송사리를 보고 강아지 같다고 하는데, 이 물고기가 장난을 아주 좋아한다는 유쾌한 평가를 받고 있기 때문에 나온 말이다. 그러나 사랑스러워 보이는 송사리의 이런 행동은 사실 노는 것이 아니라 수컷끼리 싸우는 것이다. 과학계에 알려진 송사리는 120종이지만, 악마구멍송사리는 같은 속에 속한 다른 종들과는 상당히 다르다. 배지느러미가 줄어들었고, 크기가 많이 작으며, 번식을 자주 하지 않는다. 이런 모든 특징은 완전히 다른 종으로 진화할 정도로 사막에 오랫동안 고립되어 생활하면서 적응한 결과일 가능성이 크다. 그러나 진짜 미스터리는 애초에 이 물고기가 어떻게 멀리 떨어진 작은 물웅덩이에 오게 되었느냐는 점이다.

이전에 생물학자들은 악마구멍송사리가 이 웅덩이에 온지 1만~2만 년 정도 되었다고 판단했고, 그 조상들이 주변 세계가 변화함에 따라 이곳에 갇혔을 수 있다고 추측했다. 당시 지각 구조의 활동으로 네바다판이 아래로 내려가면서 주요 하천의 경로가 바뀌었을 뿐만 아니라 기온은 올라가고 강우량은 줄었다. 이때 사막 한가운데 있는 500m 깊이의 싱크홀에 파란색 작은 물고기가 영원히 갇히게 되었을 것이다. 그러나 최근 들어서 이 송사리의 게놈을 지도화하고, 이것을 가장 가까운 친척이자 불과 수 킬로미터 떨어진 곳에서 발견된 데스밸리송사리(Cyprinodon salinus)와 비교한 결과, 두 종이 분리된 지 약 천 년 정도밖에 되지 않았다는 것이 밝혀졌다. 천 년 전이라면 주변은 이미 사막이 되어 물고기가 절대 건널 수 없었을 것이다. 논리적으로 이 물고기가 이곳에 올 수 있는 방법은 두 가지밖에 없었다. 사람 또는 새에 의해 우연히 운반되는 것이다. 가능성 있는 방법은 물고기 알은 작고 끈적끈적하기 때문에 물웅덩이에서 어떤 동물에 달라붙은 뒤, 그 동물이 다음 물웅덩이에 갔을 때 잘 씻겨 떨어졌을 것이다(특히 약간 말라서 끈적거림이 약해졌다면 더 잘 떨어질 것이다). 적어도 물고기 한 마리는 새로운 서식지로 이동할 수 있었을 것이라는 뜻이다. 이 일이 오랫동안 적어도 한 번 이상 일어났을 수 있다. 이 이야기는 여전히 가설이긴 하지만, 우리가 생각해낸 최선의 방법이다. 정확한 경위는 여전히 미스터리로 남아 있다.

천연 수족관

이곳은 완전한 종이 발달하기에는 확실히 좁은 장소다. 너비가 수 미터밖에 되지 않고, 평균 수온은 92℃로 거의 끓는 수준이며, 측정해본 적은 없지만 수심은 500m나 된다. 물속에는 조류가 자랄 수 있는 작은 바위턱이 하나밖에 없고, 햇빛은 하루에 몇 분만 받지만 광합성을 하기에는 충분하다. 이곳은 악마구멍송사리의 전용 뷔페이자 그들이 번식하고 알을 안전하게 숨길 수 있는 유일한 장소가 되었다. 이곳은 확실히 불굴의 기적이 일어난 곳이다. 사실 악마구멍송사리는 지구상에서 알려진 척추동물 가운데 지리적 서식 범위가 가장 좁은 종이다. 고온, 낮은 용존 산소량, 얼마 안 되는 먹이 자원이라는 악조건의 장소에서 상상되는 삶에 대하여 우리가 아는 것은 이 정도밖에 없다. 추가로 알려진 사실은 이 물고기가 생명을 유지할 수 있는 수준의 햇빛과 산소가 녹아 있는 수심 80m까지의 상층부에만 서식한다는 것이다. 가끔씩 일본이나 인도네시아처럼 멀리 떨어진 곳에서 발생하는 지진 활동으로 웅덩이가 간헐천처럼 끓어오르는데, 이는 악마구멍송사리에게 큰 재해가된다. 그 상관관계에 대해서는 아직 밝혀지지 않았다.

> 악마구멍은 색다르고 독특한 생태계이다.

많은 미국인들이 이 물고기를 생태계의 슈퍼스타처럼 대한다. 미국인들은 멸종 위기에 처한 이 물고기를 마음에 새겼고, 마치 미국 정신의 승리, 즉 역경을 딛고 이룬 성공의 상징이라고 여긴다. 이 물고기의 놀라운 생존 이야기는 진행 중인 영웅담이 될 것이다. 과거에 악마구멍송사리를 죽인 남자가 기소되어 12개월 징역형을 선고받은 사건이 있었는데, 악마구멍송사리는 미국에서 그런 법적 사건을 일으킨 최초의 종이라는 지위도 갖고 있다.

악마구멍
송사리는
지구상에서
가장 잘
보호되는
물고기 중
하나이다.

허약한 생명력

악마구멍송사리의 생명력은 아주 약하기 때문에 과학자들은 현장에 카메라를 설치하고 이상한 점이 있는지 지속적으로 살펴보고 있다(그 덕분에 술에 취한 이 남자가 수영을 하러 물에 들어가는 과정이 그대로 카메라에 잡혔고 감옥에 가게 되었다). 이 물고기를 보호하는 과학자들은 매년 그 뜨거운 물에 가서 개체수를 조사한다. 1995년 봄에는 그 수가 200마리로 상당했고, 번식기를 잘 보낸 후 300~500마리로 증가했다. 항상 뜨거운 이 사막도 겨울에는 타격을 받는다. 아마 먹이 부족 때문일 것이다. 하지만 2006년 조사에서 개체수가 35마리에 불과해 모두가 기겁을 했다. 이 어종이 지구에서 멸종하기까지는 정말 얼마 남지 않은 것 같았다. 사실 흐린 날씨나 폭염만으로도 가능한 일이기 때문에 모든 사람이 당황했다. 냉각기 헤드에 번식 프로그램을 설정하고, 남아 있는 악마구멍송사리들 가운데 일부를 한 실험실의 외부 부지에 따로 두었다. 그러면 이 송사리가 완전히 사라져도 대체할 '보험' 개체군은 남아 있게 될 것이다.

현재는 상황이 훨씬 나아졌다. 2019년 조사에서는 136마리가 기록되어 이전 수준으로 회복된 것으로 보인다. 한편 생물학자들은 개체수가 그렇게 급감했던 원인에 대해 계속 조사하고 있다. 악마구멍은 색다르고 독특한 생태계이고, 강아지처럼 놀던 물고기들이 하룻밤 사이에 거의 멸종하다시피 하게 된 이유가 절대 밝혀지지 않을 수도 있다. 그러나 이 물고기는 어디에 있든지 미국인의 정신과 물고기 애호가들에게 큰 힘이 된다.

34

짱뚱어

{Boleophthalmus pectinirostris}

일반명
철목어, 짱뚱이, 짝동이

몸길이
최대 20cm

서식지
갯벌

눈에 띄는 특징
돌출한 눈, 불쑥 나온
가슴지느러미

개성
모험적

좋아하는 것
껑충 뛰어올라
관심 끌기

특별한 기술
피부 호흡

보존 상태
미평가

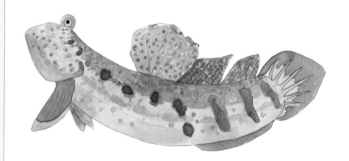

대 부분의 물고기는 물을 좋아하는 것으로 널리 알려져 있지만, 망둑엇과(Gobiidae) 중에 살아 있는 시간의 90% 정도를 육지에서 보내는 아과가 하나 있다. 그들은 대부분의 시간을 진흙에서 보내는데, 특이한 움직임과 휘둥그런 눈, 우스꽝스럽게 아래로 처진 입 때문에 아주 인상적으로 보인다. 또 이들은 물고기로 내재된 프로그램을 깨고, 자연에서 게와 달팽이, 진흙 속 벌레들이 거의 독점하던 틈새를 차지하도록 진화했다. 그 틈새란 바로 하루에 두 번 모습을 보였다가 몇 시간 뒤에 다시 바다에 잠기는 조간대(만조 때 해안선과 간조 때 해안선 사이의 부분)다. 이렇게 끊임없이 변하는 갯벌 세상을 정복하려면 끈기가 필요하다. 그것은 보통 짱뚱어라고 알려진 물고기가 갖고 있는 강인함이다.

짱뚱어는
피부를 통해
주변 공기에서
산소를
흡수할 수 있다.

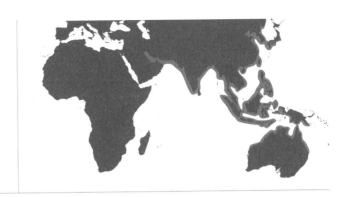

육지로 옮겨간 물고기

모든 육서 척추동물의 진화는 원시 물고기가 처음으로 바다에서 육지로 옮겨 갔을 때부터 시작되었다. 물고기는 양서류가 되고, 이어서 파충류, 조류, 포유류가 되었다. 진화 단계가 낮은 짱뚱어를 연구하면 그 과정에 대한 가능성 높은 가설의 큰 미스터리를 어느 정도 풀 수 있을 것이다.

물고기가 육지로 올라와서 편안하게 살 수 있으려면, 그 전에 먼저 중요한 생리학적 문제 세 가지를 해결해야 한다. 즉 육지에서 어떻게 호흡하고, 어떻게 움직이며, 어떻게 살아나가는가를 해결해야 한다. 특히 살아나가는 문제는 먹고, 짝짓고, 위험을 피하는 방법이다. 이 모든 문제를 해결한 종이 불굴의 짱뚱어다.

짱뚱어는 육지에 올라오면 아가미에 있는 물을 삼킨다. 스쿠버가 산소 탱크속의 공기를 마시는 것처럼 말이다. 이렇게 하면 필요할 때 즉시 산소를 공급받을 수 있다. 그러나 짱뚱어는 또 다른 비결을 진화시켰다. 바로 개구리를 비롯한 다른 양서류처럼 피부를 통해 주변 공기에서 산소를 흡수할 수 있게 된것이다. 그러므로 피부는 촉촉함을 유지해야 한다. 이런 특징은 과거에 밝혀지지 않은 때에 어떻게 아가미가 필요 없게 되었는지를 이해하는 데 열쇠가 될가능성이 가장 높다. 아가미가 물탱크가 되었다가 후에 완전히 없어지고 피부를 통한 호흡으로 바뀌었기 때문이다. 짱뚱어는 피부 호흡이라고 하는 이 기술을 이용하여 아가미에서 물이 빠져나가는 속도를 계속 늦추고 다 빠져나간 후에는 잠시 동안 숨을 쉴 수 있다. 짱뚱어의 피부는 탈수 상태일 때를 감지할 수

도 있어서 이 상태가 되면 항상 물이 채워져 있는 굴로 돌아가라고 알려준다. 이때 빠르게 굴로 가서 물에 몸을 적시면 한 번 더 나갈 수 있다. 게다가 조수가 멀지 않기 때문에 질식될 위험은 항상 잠깐뿐이다.

짱뚱어는 벌레, 게와 갯벌을 공유한다.

다리로 변한 지느러미

물에서는 물의 지지를 받아 잘 떠 있었던 짱뚱어가 육지로 옮겨가면 몸을 지탱하기 위해 물의 지지를 어떻게든 다른 것으로 대체해야 했다. 그래서 양옆에 있는 아주 강한 가슴지느러미의 도움을 받아 몸을 지탱할 수 있었다. 근육으로 이루어진 가슴지느러미는 태엽 장치로 움직이는 장난감처럼 돌릴 수 있어서 부드러운 진흙 표면을 따라 스스로 나아갈 수 있다. 아랫면에 있는 배지느러미 역시 두 개의 작은 '잡는 손'으로 진화했다. 이로써 짱뚱어는 '흡반'으로 표면을 잡고 버틸 수 있게 되었다. 또한 그 덕분에 맹그로브 뿌리나 아주 높은 폭포의 미끄러운 바위처럼 수직에 가까운 표면도 오를 수 있다.

일반적으로 생존에는 몇 가지 문제들이 있다. 그럼에도 짱뚱어는 특히 눈과 관련하여 영리한 해결책들을 찾아냈다. 물안경을 끼지 않고 물속에 머리를 넣으면, 물속에서도 보이기는 하지만 대기 중에서 볼 때와는 많이 다르다. 하지만 짱뚱어는 물속에서나 물 밖에서나 똑같이 볼 수 있다. 그런 이유로 생물학자들은 현재 원시 물고기가 육지에서 살기 위해 어떻게 진화했는가에 대한 새로운 실마리를 찾기 위해 짱뚱어의 눈을 연구하고 있다.

짱뚱어는 또한 대단히 튼튼한 면역체계를 갖고 있다. 육지에서 먹이를 찾고 번식하려면 세균학적, 바이러스학적 관점에서 완전히 새로운 문제들에 직면하게 된다. 이 작은 물고기가 이러한 엄청난 문제를 해결했다. 우리는 짱뚱어 면역력의 비결을 이제 막 탐구하기 시작했다.

짱뚱어의 성공

갯벌에서 짱뚱어가 짝짓기를 하는 방식은 참 참신하다. 갯벌처럼 단일한 색깔의 세계에서는 예비 교미 상대에게 발견되기가 아주 어렵다. 그래서 짱뚱어 수컷은 몸 전체를 파란색 반점으로 선명하게 장식하고 현란한 지느러미를 발달시켰다. 이것으로도 충분하지 않아 암컷의 눈에 잘 띄기 위해 더 놀라운 방법을 발달시켰는데, 바로 공중으로 뛰어오르는 행동이다. 더 높이 뛰어오를수록 더 강하고 튼튼한 수컷일 것이고, 주변에 있는 암컷의 눈에 띨 가능성이 더 커진다. 소리도 한 역할을 할 수 있다. 최근 연구 결과에 따르면 수컷이 갯벌에 떨어질 때 나는 철썩 소리가 땅을 통해 저주파 메시지를 보내고 이것이 암컷을 더 흥분시킬 수 있다는 것이 밝혀졌다.

매력적인 수컷을 본 암컷이 퍼덕이며 옆걸음질로 다가가면(원래 이렇게 이동한다), 수컷은 암컷을 자기 굴로 데려가서 짝짓기를 한다. 굴 안쪽에 수정란이 놓이면 그것을 보호하는 것은 수컷의 일이다. 일본에 서식하는 짱뚱어의 경우, 부화될 때까지 물에 잠기지 않도록 수정란이 들어 있는 기포를 굴 벽에 붙여 놓는다. 따라서 짱뚱어는 생후 처음 며칠을 굴에서 지내는 동안 이미 물 밖생활에 익숙해진다. 드디어 굴에서 나와 갯벌에 오른 어린 짱뚱어는 전혀 알지 못하겠지만, 자연사에서 어쩌면 가장 위대한 진화의 계단을 오르는 데 성공한 것이다.

> 갯벌에서
> 짱뚱어가
> 짝짓기를 하는
> 방식은 참
> 참신하다.

35

해룡

{Phyllopteryx taeniolatus} / {Phycodurus eques}

일반명
일반해룡
(common seadragon)

몸길이
약 30cm

서식지
산호초

눈에 띄는 특징
나뭇잎 같은 손

개성
포착하기 어려움

좋아하는 것
작은 새우

특별한 기술
위장술

보존 상태
관심 대상

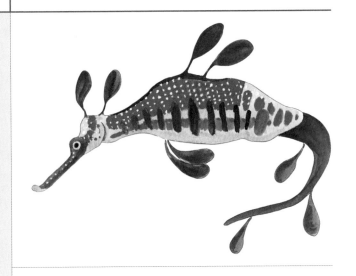

내가 그린 위의 해룡 그림을 잘 살펴보자. 진짜 동물이 아니라 만들어낸 상상 속 동물처럼 보인다. 그러나 이들은 실제로 존재하는 물고기이며 위장이라는 명목으로 이 그림만큼이나 이색적인 모습을 발달시켰다. 위장술이라고 하기에는 색깔이 약간 현란하지만, 실고깃과에 속하는 독특한 해룡은 일단 특별한 섬유질 같은 것들과 장식 같은 것들을 흔들면서 거의 마술처럼 움직여서 서식지인 해초 속으로 감쪽같이 숨을 수 있다. 그렇게 바로 눈앞에서 사라질 수 있다.

물결치며 굽이치는 것처럼 보이는 모든 외부 부속기관은 그냥 지느러미의 추가 부분이 아니다. 이 장식의 일부, 특히 해룡의 '뿔'은 피부에서 진화한 것으로 제멋대로 자라났다. 하지

해룡은
바다의 벌새다.

만 이 뿔은 헤엄칠 때 도움이 되기 위해서가 아니라 물고기처럼 보이지 않기 위한 것이며, 이 목적은 충분히 달성되었다.

위장 패턴

해룡은 헤엄을 치기 위한 '진짜' 지느러미를 갖고 있다. 자세와 균형을 잡아주는 목에 있는 작은 가슴지느러미와 온전히 추진을 위해서만 사용하는 커다란 등지느러미가 그것이다. 추진 기관인 등지느러미는 투명하며, 실제로 격렬하게 움직이고 있을 때도 그 움직임은 거의 보이지 않는다. 해룡은 바다의 벌새로, 지느러미를 초당 70비트의 속도로 움직인다(벌새는 대개 초당 약 80회의 날갯짓을 한다). 이 모든 노력은 해룡이 거의 움직이지 않을 때 힘들어 보이지 않게 하기 위한 것이다. 위장, 격렬한 수중 선회, 식물을 닮은 화려한 지느러미, 이 모든 것은 해룡이 동물이 아니라 그저 해류를 따라 표류하는 화려한 사물처럼 보이게 하기 위한 착시 효과를 노린 것이다.

해룡의 방어 수단이 위장 패턴만 있는 것은 아니다. 진화의 결과로 모든 비늘이 융합하여 우툴두툴한 방호기관이 되었다. 이 때문에 물기 없이 건조된 해룡은 작은 해룡 미라처럼 거의 완벽한 모습을 유지한다. 하지만 이런 특징은 이들의 몸이 유연하지 않다는 뜻이기도 하다. 대신에 이들은 해류를 타고 있을 때 해초처럼 움직이게 하는 유연성을 갖고 있다. 물론 다른 실고기와 실고깃과 어종들 중에도 위장을 전문으로 하는 물고기가 있다. 예를 들어 인도양의 할리메다유령실고기(*Solenostomus balimeda*)는 나뭇잎과 똑같이 생겼다. 위장의 대가가 되는 것이야말로 실고깃과에 속한 물고기들의 진짜 특성이다.

실고깃과의 물고기들은 전 세계에 분포하지만, 자연에서 해룡을 보고 싶을 때 할 수 있는 일은 별로 없다. 해룡은 풀잎해룡, 나뭇잎해룡, 루비해룡 단 세 종류밖에 없으며 모두 서식지가 오스트레일리아와 태즈메이니아섬 남단으로만 제한되어 있다. 풀잎해룡(*Phyllopteryx taeniolatus*)은 오스트레일리아 남부, 뉴사우스웨일스주와 제럴튼 사이의 연안과 암초, 해초 밑동에 한정되어 서식한다. 나뭇잎해룡(*Phycodurus eques*, 오스트레일리아에서는 그냥 '나뭇잎'이라는 애칭으로 알려져 있다)은 동부 빅토리아주의 윌슨스 프로몬토리부터 서부 퍼스의 북쪽 줄리안 베이까지 이어지는 연안에서 발견된다. 이 해안선을 따라 켈프(커다란 갈조류—역주) 밑동, 해초, 넓게 펼쳐진 모래사장에 서식한다. 해룡이 잘 발견되는 장소 몇 군데가 있으며, 오스트레일리아인들은 목격 사례를 보고하기 위한 '해룡 탐색' 핫라인도 설치했다. 해룡을 잘 볼 수 있는 장소를 아는 것은 이 독특한 바다 생물을 보존하는 데 아주 중요하다. 풀잎해룡과 나뭇잎해룡 모두 법률에 의해 철저하게 보호되고 있다. 해안을 개발할 때는 해룡의 안위를 가장 먼저 고려해야 한다고 법률에 확실히 나와 있기 때문에 개발 관련 이해관계자들은 이 조항을 준수해야 한다.

> 해룡은 변화에 아주 민감하다.

숨겨진 보물

더 먼 바다로 가면 세 번째 종인 루비해룡(*Phyllopteryx dewysea*)이 있다. 다른 두 종보다 훨씬 깊은 바다에 서식하는 루비해룡은 2015년에야 발견되었다. 짙은 붉은색인 이 해룡은 길이가 23cm까지 자라며, 다른 두 종의 잎 모양 돌기에 비해 돌출부가 더 뭉툭하다.

위장만으로 해룡이 항상 안전한 것은 아니다. 최근 연구 결과에 따르면 해룡의 은신처가 전적으로 해초 밑동, 산호초, 해초인 것은 아킬레스건이 될 수 있다고 한다. 해룡은 변화에 아주 민감해서 사육·번식하는 것이 거의 불가능하다. 풀잎해룡의 경우 일부 환경보호주의자들에 의해 번식에 성공하긴 했지만 나뭇잎해룡의 번식은 훨씬 까다롭다는 것이 입증되었다. 이렇게 서식지가 제한된 생명체의 경우 갑작스러운 개체수 감소에 대비하기 위해 사육 번식 개체군을 두는 것이 중요한데, 우려되는 점이다.

다른 실고깃과 어종들과 마찬가지로(특히 바기반트 피그미 해마, 40~43쪽 참조), 해룡도 사물을 잡을 수 있는 꼬리가 없다. 그래서 해초와 줄기를 잡을 수 없지만 루비해룡은 예외다. 아마 그래서 루비해룡은 오랫동안 발견되지 않은 것 같다. 이들이 해안으로 밀려오는 일은 극히 드물기 때문이다. 폭풍우가 치거나 바다가 거칠면 해룡은 파도에 씻겨나가거나 해안에 좌초되기 쉽다. 해룡이 민감하다는 특징에는 몇 가지 장점이 있다. 탐지되지 못할 수도 있는 미묘한 환경 변화를 알려주는 역할을 하기 때문이다. 생태학자들과 환경보호주의자들의 용어로 이런 동물을 '지표종'이라고 한다. 비극적이지만 현재 이 어종의 개체수가 크게 감소하고 있는데, 이는 오스트레일리아 남해안 앞바다에서 뭔가 나쁜 일이 벌어지고 있음이 분명하다는 표시다.

시드니항에는 보트와 배들의 방해 가능성이 있음에도, 수없이 많은 부두와 방파제 바로 밑에 많은 풀잎해룡이 서식한다. 하지만 예전에는 부두 하나의 밑에서만 60마리씩 찾아내곤 했던 조사팀이 2019년에는 겨우 8마리만 보았다고 보고했다. 과학자들은 그 원인으로 기후 변화를 주목하고 있다. 점점 수온이 상승하는 바다가 아주 민감한 생명체에게는 단순히 불편한 것이 아니라 비참한 재앙이다. 해룡이 없으면 세계는 어떻게 될 것인지 우리는 스스로 물어야 한다. 확실히 재미는 훨씬 없을 것이다.

나뭇잎해룡의 추가 지느러미와 부속기관들은 '위장' 목적을 위한 것이다. 그 기관들 안쪽에는 물고기가 숨어 있다.

36

홍연어

{Oncorhynchus nerka}

일반명
붉은연어(red salmon),
블루백연어
(blueback salmon)

몸길이
60~84cm

서식지
내륙의 호수와
강부터 태평양까지

눈에 띄는 특징
뾰족한 주둥이

개성
극단적

좋아하는 것
여행과 변화

특별한 기술
바닷물에서 민물로
갈아타기

보존 상태
관심 대상

연어에 대한 것은 대부분 극단적이다. 연어는 세계에서 가장 특별한 생애 주기를 갖고 있을 뿐만 아니라 그 과정에서 몸 전체가 바뀌고 변화한다(나는 홍연어가 번식을 위해 여행을 시작할 때 얼마나 다른지 보여주기 위해 비번식기의 홍연어 그림을 넣고 싶었다. 마치 미운 오리 새끼가 멋지게 역전하는 것처럼 말이다). 바로 이런 이유 때문에 나는 이 유명한 물고기를 제5장에 넣었다. 이렇게 극단적으로 탈바꿈하는 동물은 극소수이기 때문이다. 하지만 홍연어가 정말 인상적인 것은 외형적으로만 탈바꿈하는 것이 아니라 내적으로도 바뀌기 때문이다.

홍연어는 민물에서 부화하여 바다로 이동했다가 몇 년 후 번식을 위해 태어난 강으로 회귀하는 다섯 종의 태평양 연어 가운데 하나다. 이런 특성을 소하회유라고 하며 앞에서 이미 설명했다. 다섯 종의 연어 모두 연어속(*Oncorhynchus*)에 속하며, 속명은 기괴한 얼굴을 나타낸 것으로 '미늘 주둥이'라는 뜻이다(나는 '뾰족한 얼굴'이라는 표현이 더 좋다). 이들은 모두 번식을 위해 강에 돌아오면 일종의 변태를 하게 되는데, 그 중에서 홍연어가 가장 극단적으로 탈바꿈한다. 낚시꾼들에게 인기가 좋은 다른 연어들은 친숙하기 때문에 곱사연어(*Oncorhynchus gorbuscha*), 은연어(*Oncorhynchus kisutch*), 연어(*Oncorhynchus keta*), 왕연어(*Oncorhynchus tshawytschah*) 등의 이름을 갖고 있다.

홍연어(sockeye salmon)는 붉은연어와 블루백연어라는 또 다른 이름이 있는데, 색깔이 모순적으로 들리지만 각각 번식기와 비번식기의 색깔을 가리킨다. 'sockeye'라는 이름은 이 물고기에 대한 할코멜렌어(캐나다 브리티시컬럼비아주에 있는 프레이저강을 따라 분포하는 원주민 부족의 언어) 명칭인 'suk-kegh'에서 파생된 것으로, '붉은 물고기'라는 뜻이다.

민물에서 바닷물로 그리고 다시 민물로

앞에서 설명했듯이 모든 태평양 연어는 생애 주기 동안에 바닷물에서도 살고 민물에서도 산다. 모든 동물은 체내에 일정한 수준의 수분을 유지해야 하고 이를 위해 삼투압 조절이라고 하는 작용을 이용한다. 이 작용의 원리는 비교적 간단하다. 물은 자연적으로 이온과 다른 필수 화학물질 농도가 낮은 곳에서 높은 곳으로 이동한다. 물에서 생활하는 물고기의 경우, 삼투압 조절은 하루하루 살아남는 데 있어서 아주 중요한 역할을 한다. 서식지가 민물인지 아니면 바닷물인지가 살아가는 법을 결정한다. 그렇다면 민물과 바닷물 모두에서 살면 어떻게 될까?

민물에서 살 때 가장 중요한 것은 너무 많은 물이 세포에 들어가지 못하게 하는 것이다(세포는 주변 물보다 농도가 높고, 따라서 물은 자연스레 세포로 들어가려고 한

연어는 세계에서
가장 특별한 생애
주기를 갖고 있다.

다). 물에는 세포에 필요한 미네랄과 미량 원소가 포함되어 있어서 세포는 물을 어느 정도 필요로 한다. 그러므로 문을 완전히 닫을 수는 없다. 그래서 연어 같은 물고기는 아가미에서 필요한 화학물질을 뽑아내고 나머지는 퍼내는 독창적인 펌프를 진화시켰다. 신장도 여기에서 주요 역할을 하기 때문에 민물고기는 아주 묽은 요소를 배출함으로써 몸의 균형을 맞춘다.

큰 문제는 연어가 바닷물로 갔을 때다. 연어를 둘러싼 세계 전체가 완전히 뒤집히기 때문이다. 이제는 체내에 있던 물이 자연스레 빠져나가려고 한다(체세포의 농도가 주변 바닷물보다 낮기 때문

곰은 매년 강을 거슬러 돌아오는 연어를 포식한다.

에, 물이 밖으로 나가려고 하는 것이다). 이때 또 다시 아가미의 놀라운 펌프가 연어를 구한다. 펌프를 역진시키는 능력을 진화시킨 연어는 염류와 다른 화학물질을 활발하게 내보내고, 이제 신장은 아주 진하게 농축된 요소를 배출한다. 이렇게 진화적으로 영리한 기술을 가졌다는 것은 소하성 연어가 완전히 다른 두 세계에서 살 수 있다는 뜻이다. 하지만 전환은 바로 일어나지 않으며, 작동을 시작하기까지 최대 24시간이 걸린다. 이 때문에 많은 연어가 강을 떠나거나 강으로 돌아올 때 강어귀에서 지체하느라 상당한 병목 현상이 발생할 수 있다. 우리가 시간대가 다른 곳에 가면 시계의 시각을 새로 맞추고 적응에 시간이 걸리는 것처럼, 연어들은 강어귀에서 대사 작용을 다시 맞춘다.

연어의 행동 중에 신기해 보이는 것이 삼투압 조절의 역진만은 아니다. 연어 속에 속하는 다른 대부분의 어종들처럼 홍연어도 번식할 준비가 되면 같은 강의 똑같은 웅덩이, 심지어 태어난 하상에서 똑같은 장소로 돌아오는 것으로 유명하다. 이들은 최소 4년 어쩌면 더 긴 시간 동안 그 한정된 장소를 본 적도 없고 그곳에서 보낸 시간도 전혀 없었을 것이다. 그러나 그들은 그저 알을 낳고 죽기 위하여 그곳으로 돌아간다. 이 행동을 하기 때문에 이들을 '일회산란'(단 한 번만 산란하고 죽는 동물을 가리키는 전문 용어) 물고기라고 한다.

소하성 연어는 민물과
바닷물, 완전히 다른
두 세계에서
살 수 있다.

따라서 연어의 생애 주기 대부분에서 많은 의문이 생기지만 답을 찾기는 힘들다. 태어날 때의 산란지로 이전하는 과정은 후각과 시각의 도움도 일부 받지만, 주로 그들의 세포와 기억에 있는 자기력을 이용하여 이루어지는 것으로 여겨진다. 한편 일부 연어는 내재된 프로그램에 따르지 않고 개척자가 되어 자신이 태어난 강이 아닌 새로운 강을 탐색하기도 한다.

부모의 희생

산란 후에 죽는 연어가 다소 극단적으로 보일 수도 있지만, 최근에 밝혀진 내용은 이 행동에 대한 설명에 도움이 되는 것으로 그 행동이 가혹하지만 현명한 생존 전략임을 암시했다. 홍연어가 번식하는 고지대의 차가운 개울은 자연 발생의 샘에서 시작되며 필수 요소가 결핍된 경우가 자주 있다. 연어가 거의 산란을 하자마자 죽을 때, 수백만 마리가 죽기 때문에 대체로 커다란 새와 포유류에게 충분한 먹이를 제공한다. 그리고 그들의 썩은 사체에서 빠져나온 인, 질소, 칼슘, 마그네슘이 서서히 물에 확산되면서 다음 세대는 필수 영양소를 흡수할 수 있다.

다음 세대의 물고기만이 아니라 수천 만 마리의 곰, 늑대, 흰꼬리수리, 심지어 나무들까지도 연어의 죽음에 의존한다. 과학 실험의 결과 태평양 북부의 다우림 지역에 있는 나무들은 모두 연어의 몸에서만 나올 수 있는 해양성 인을 흡수하여 번성하는 것으로 나타났다. 이런 기적을 행하는 물고기 일꾼들은 자기 몸을 변형할 뿐만 아니라 미래 세대를 위해 자기 생명도 포기하면서 주변의 전체 삼림 생태계에 영양분을 제공한다. 뿐만 아니라 지구에서 가장 큰 생물학적 다양성 일부와 대규모의 이산화탄소 흡수지 중 하나를 유지시킨다.

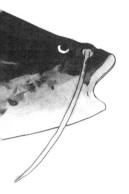

Chapter 6

오래된 전설들

대부분의 사람들은 공룡을 사랑한다. 나도 마찬가지다. 그러나 많은 종류
의 물고기가 공룡이 육지를 어슬렁대며 돌아다니던 때와 동시대에 살아 있
었을 뿐 아니라 그 전에도 존재했다는 사실을 아는 사람은 거의 없다. 이번
장에서는 가장 오래되었으면서 가장 이상한 물고기들을 소개하려고 한다.
자, 태고의 지구가 드러내는 비밀에 놀랄 준비를 하시라.

37

대서양철갑상어

{Acipenser oxyrhinchus}

일반명

철갑상어(acipenser),
흰철갑상어(hausen)

몸길이

1.8~2.4m

서식지

북아메리카의 대서양
연안, 내륙으로 이동

눈에 띄는 특징

비늘 대신
뼈판이 있음

개성

구식

좋아하는 것

산란

특별한 기술

물 밖으로 뛰어오르기

보존 상태

준위협 단계

대서양철갑상어처럼 고대부터 존재했던 괴물 물고기를 묘사하자면 공룡의 발 주변을 헤엄쳤던 귀족 거인이라고 할 수 있다. 간격이 좁고 근시안처럼 보이는 눈, 힘없이 처진 수염, 코안경을 걸친 중세 시대의 사서 기사처럼 갑주를 두른 이들의 몸은 확실히 대홍수 이전의 물고기처럼 보인다. 하지만 철갑상어는 인간의 그런 장신구가 필요하지 않다. 턱 밑에 매달린 네 개의 수염이 필요로 하는 모든 것을 감지하면서, 강과 큰 강의 어귀, 연안 해역의 바닥을 따라 돌아다니며 접하게 되는 먹잇감을 닥치는 대로 삼킨다. 여기에서 '닥치는 대로 삼킨다'는 은유적 표현이 아니다. 실제로 심해의 이 거대한 괴수들은 이빨은 없지만 늘어날 수 있는 턱을 갖고 있어서 먹이를 빨아들인다. 이렇게 먹는 기술은 철갑상어와 그 조상이 수백만 년 동안 사용해온 것으로 보아 분명 효과가 있다. 철갑상어 화석의 연대는 트라이아세(약 2억 4,500~2억 800만 년 전)로 거슬러 올라간다. 화석 기록에 따르면 이 때 포유류 또는 포유류에 가까운 동물이 지구상에 처음으로 등장했다.

철갑상어는
아마 지구상에서
가장 큰 민물고기일
것이다.

신흥 철갑상어

대서양철갑상어는 플로리다부터 캐나다까지 북아메리카의 대서양 연안을 따라 서식하지만, 서식지가 바다로 국한되지는 않는다. 철갑상어도 연어와 뱀장어처럼 소하성 어종에 속하여 산란을 위해 민물과 바닷물을 오간다. 이 어종은 과거부터 계절에 따라 미국 동부 해안을 따라 대서양으로 흐르는 38개의 강에서 서식했는데, 현대에 들어서는 그 강의 숫자가 22개로 줄었다. 체사피크만처럼 크고 유명한 강어귀와 허드슨강처럼 거대한 강이 대표적이다. 특히 허드슨강은 철갑상어강으로 알려져 있다.

큰 철갑상어는 최대 4.6m, 364kg까지 자랄 수 있으며, 아마 지구상에서 가장 큰 민물고기일 것이다(하지만 바다로 가는 습관 때문에 엄격하게 따지면 이 범주에 들어가지 못할 것이다). 아메리카 신세계를 탐험하면서 브라운송어(Salmo trutta)와 대서양연어(Salmo salar) 낚시에 익숙했던 개척자들은 이 거대 물고기를 처음 보고 큰 충격을 받았을 것이다. 초기의 과장된 이야기에 따르면, 당시 철갑상어가 너무 많아서 버지니아주에 있는 제임스강에서는 철갑상어 등을 밟고 걸어서 강을 건널 수 있을 정도였다고 한다.

이런 주장이 그렇게 기이한 것은 아니다. 탐험가들은 남부 지역에서는 늦여름, 그보다 북쪽 지역에서는 늦봄에 일어나는 산란 직전의 엄청난 철갑상어 떼를 목격했을 것이다. 산란은 이 물고기들이 가장 잘 하는 일이다. 이것은 거의 축제에 가까웠다. 커다란 암컷 한 마리가 일 년에 375만 개의 알을 낳을 수 있는 것으로 추정되며, 작은 암컷도 80만 개의 알을 낳을 수 있다.

산란이 끝나면 종종 수컷은 자라는 치어를 돌보느라 잠시 강에서 머물러야 하지만, 암컷은 즉시 바다로 돌아간다. 철갑상어는 약 60년 정도 살 수 있기 때문에 평생 동안 많이 먹고, 자라고, 알을 낳는다. 새끼는 최대 6주 동안 강에 머물면서 자라고 성숙하는데, 실제 머무는 시간은 이용 가능한 먹이량에 따라 달라진다. 성적으로 성숙해지고 나면 바다로 나가서 좀더 자란다.

진정한 위협

철갑상어의 가장 큰 특징은 척추와 옆면을 따라 단단한 뼈판이 연달아 있다는 것이다. 모비늘이라고 하는 이 뼈판은 철갑상어가 자랄 때 자기보다 큰 포식 물고기와 해양 포유류로부터 자신을 보호할 목적으로 변경된 비늘이다. 철갑상어는 진짜 비늘은 없이 모비늘만 있고, 청회색 또는 녹색의 질긴 피부로 덮여 있다. 철갑상어에게 진짜 위협을 가하는 위험한 존재는 사실 인간이다. 우리는 이 물고기에게 많은 문제를 일으켰고, 그중 다수는 과거는 물론 지금도 피할 수 있는 것들이다.

오염된 더러운 강이 철갑상어 보호에 도움이 되지 않았다고 하지만, 실제로 이 물고기의 발달을 방해한 것은 회유 어류 개체군을 고려하지 않은 수력 발전 댐 건설이다. 산란을 위해 강을 거슬러 올라가는 철갑상어(또는 그와 관련된 물고기)의 가장 중요한 연례의식을 하지 못하게 하는 인간의 개발은 전면적인 재앙이다.

어떤 물고기의 개체수가 아무리 많아도 번식을 못하게 된다면 곧 멸종한다. 독극물에 의해서든 늙어서든 새끼를 생산하지 못하면 어떤 종이든 순식간에 절멸하게 될 것이다. 어쨌든 인간이 철갑상어를 죽이리라는 것은 사실이다. 그것도 무심코 의도치 않게 죽이는 것이 아니다. 그렇다면 그 이유는 무엇인가? 바로 철갑상어의 알이 아주 비싼 '캐비아'이기 때문이다.

'캐비아'라는 이름으로 잘 알려진 철갑상어의 알은 아주 비싸다.

새로 등장한 '검은 금'

사람들은 캐비아를 대개 러시아의 진미라고 생각하지만, 역사적으로 캐비아 열풍이 시작된 곳은 19세기 북아메리카였다. 당시 식민지 개척자들은 특별한 종류의 골드러시, 즉 '검은 금'인 철갑상어 알에 대한 광기로 동부 해안으로 몰려들기 시작했다. 그 수요가 엄청나서 철갑상어가 엄청나게 많이 잡혀 개체수가 당한 피해는 어마어마하다. 1887년에 캐나다부터 플로리다에 이르는 대서양 연안에서 약 320만 kg의 대서양철갑상어가 잡힌 것으로 추산되었다. 이는 대략적으로 수컷 코끼리 약 500마리 또는 M1전차 52대에 해당하는 무게다. 또 철갑상어 고기는 '올버니 소고기(Albany beef)'로 알려졌다. 인기가 많고, 맛있으며, 양이 풍부했고, 올버니 지역의 술집에서 더 비싼 어란과 함께 5센트 맥주의 안주로 제공되었기 때문이다.

사람들은 어떤 입법 조치나 규제도 받지 않고 부당하게 철갑상어를 착취했으며, 한탕주의를 원하는 노름꾼들이 여기에 몰려들었다. 그 후 1905년까지 잡힌 철갑상어가 9,070kg에 불과했다는 것이 놀랍지 않다(이 무게는 약 10톤 또는 아프리카 코끼리 두 마리에 해당하며 M1 전차의 포탑이나 바퀴 무게도 안 된다). 그럼에도 철갑상어 사냥은 1989년까지 계속되고, 마지막 해인 1989년의 연간 총 수확량은 180kg에 불과했다. 그 후로 IUCN은 대서양철갑상어를 멸종 위기에 처한 종으로 분류했고 지금도 같은 상태다. 설상가상으로 철갑상엇과 모두 가장 심각한 멸종 위기 종으로 여겨지고 있다.

그래도 캐비아에 대한 수요는 끊이지 않았고 오늘날까지도 수그러들지 않았다. 미국 시장이 축소되자 이제 러시아로 이동했고, 우리가 캐비아에서 러시아를 연상하는 계기가 되었다. 큰철갑상어(*Huso buso*)의 알인 '벨루가 캐비아' 1kg 한 캔의 판매가는 34,000달러 정도다. 다른 철갑상어에 비해 흰 색이라 희귀하고 진기해서 더 비싸다는 점을 감안해도 생선 알치고는 비싸다. 하지만 좋은 소식도 있다. 최근 보고서에 따르면 현재 한두 종이 번식을 위해 미국 동부 해안의 강으로 돌아올 수도 있다고 한다. 앞으로 더 많은 철갑상어를 볼 수 있기를 희망한다.

비참하게도 철갑상어는 지구상에서 가장 많이 착취당하는 동물 가운데 하나다.

38

표범폐어

{Protopterus aethiopicus}

일반명
마블폐어
(marbled lungfish)

몸길이
최대 2m

서식지
늪, 하상, 범람원

눈에 띄는 특징
끝으로 갈수록
가늘어지는 긴 꼬리

개성
적응성 좋음

좋아하는 것
연체동물

특별한 기술
물 밖에서 2년까지
생존 가능

보존 상태
관심 대상

핀란드의 유명 캐릭터인 무민을 닮은 것도 같은 이 기이한 물고기를 그리면서 나는 상당한 만족감을 느꼈다. 이 물고기는 과학적으로 지구상의 척추동물 중에서 가장 큰 게놈(DNA 이중나선을 구성하는 기본 단위인 염기쌍을 1억 3,300만 쌍 보유)을 갖고 있는 것으로도 유명하다. 표범폐어는 불모지에 완벽하게 대비되어 있을 것이기 때문에 종말이 와도 살아남을 것 같다. 무슨 일이 발생하든 폐어는 준비가 되어 있을 것이다.

표범폐어는 4종으로 이루어진 아프리카폐어속 가운데 하나이며, 중앙아프리카에서 흔히 볼 수 있다. 리프트 밸리에 있는 호수는 물론 콩고강과 나일강 전역에서 발견된다. 크기는 최대 2m까지 자랄 수 있고, 몸 전체가 하나의 거대한 근육 또는 아름다운 패턴이 있는 거대한 혀로 이루어진 것처럼 보인다. 지느러미는 흔들리는 가는 팔의 형태여서 약간 바보 같은 느낌을 준다. 그러나 특별히 적용된 이 지느러미는 아주 실용적이다. 폐어가 물 밖에 있게 되면, 지느러미는 로봇 팔처럼 회전하여 물고기를 다시 물로 밀어넣는다. 거의 다리처럼 움직

폐어는 몸 전체가
하나의 거대한
근육으로 이루어진
것처럼 보인다.

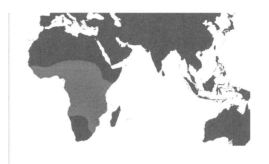

이는 것이다. 때에 따라서 폐어는 일부러 서식하던 진흙 웅덩이를 버리고 멀리 있는 더 좋은 수역으로 가는데, 이때 상당 거리의 육지를 꽤 효과적으로 건널 수 있다.

수면으로 나오다

원래 '폐어'라는 이름은 이 물고기가 우리처럼 공기 호흡을 할 수 있다고 여겨졌기 때문에 붙여진 것이다. 최근에는 폐어가 아가미를 통해 물에서 산소를 흡수함으로써 '보통' 물고기처럼 아가미 호흡도 할 수 있음이 밝혀졌다. 그러나 폐어는 수면에서도 공기를 삼킬 수 있고, 그 비결 덕분에 특히 수중 산소량이 너무 적어서 다른 어종들이 질식할 때도 호흡 곤란을 겪지 않는다. 이 비결이 의미하는 것은 항상 끝까지 살아남는 것은 폐어라는 사실이다. 따라서 폐어가 마지막으로 떠난다는 것은 사라지는 행위 그 이상이 될 것이다.

이는 폐어가 아주 특별한 생존 계획을 갖고 있기 때문이다. 수위가 일정 수준까지 떨어지고, 강이나 웅덩이, 연못에 서식하는 다른 모든 물고기가 숨을 헐떡이고 최후의 고통으로 퍼덕거리면, 폐어는 부드러운 진흙을 파헤치며 굴을 파고 들어가기 시작한다. 충분히 깊게 파고 들어가면, 자체적으로 만든 얇은 점막으로 자기 몸을 감싸고 그 안에 들어간다. 마치 끈적끈적한 침낭에 들어간 것 같다. 그 안에 편안하게 자리를 잡은 후에는 모든 대사 활동과 두뇌 활동을 중단하고 가사 상태로 있으면서 상황이 좋아지기를 기다린다.

이런 활동 중지 상태를 학술 용어로 '여름잠'이라고 하는데, 일부 포유류에게서 보이는 동면과 비슷하다. 폐어는 필요하면 이 상태로 최대 2년까지 버틸 수 있다. 표범폐어는 아프리카 대륙에서 매년 발생하는 두 번의 극적인 기후적 변화, 즉 우기와 건기에 적응했다(단 건기가 끝날 무렵이 되면 진짜 우기보다 짧은 우기도 있다. 이 시기는 건기가 더 뜨거워진 후, 우기가 본격적으로 시작되기 전이다). 몇 주, 몇 개월, 심지어 몇 년 후에 드디어 비가 내려 웅덩이에 물이 차기 시작하면 움푹 팬 마른 땅 또는 진흙 웅덩이는 호수로 변할 것이다. 그리고 거기에서 마법처럼 갑자기 물고기가 나타날 것이다. 땅속에서 여름잠을 자며 계절이 바뀌기를 기다리던 폐어는 다른 곳에서 온 것이 아니라 사실은 늘 그곳에 있었다. 물론 폐어를 잘 아는 아프리카의 토착 포식자들이 가끔씩 먹이를 찾아 이들을 파내기도 한다. 폐어는 거친 환경에서 물과 단백질을 얻을 수 있는 훌륭한 공급원이기 때문이다.

소고기보다 맛있다

기적처럼 보이는 이 비결 덕분에 생김새는 변변찮아도 폐어는 많은 부족의 신화에 등장할 수 있었다. 우간다의 바간다 부족은 폐어를 금기시해서 먹지 않고 보호해야 하는 마법의 동물이라고 여긴다. 그러나 다른 부족들은 이 물고기를 마법성보다는 식용으로서의 가치를 더 크게 생각해서 열심히 잡아먹으며 귀중한 단백질을 섭취한다. 탄자니아의 루오 부족은 폐어를 '카망기 야신다 니야마(kamangi yasinda nyama)'라고 부르는데 번역하면 '소고기보다 맛있다'라는 뜻이다. 그곳에서 대개 폐어는 특별한 행사 때만 먹을 수 있는 고급 요리다. 폐어가 맛있다고 생각하는 것은 루오 부족만이 아니다. 동아프리카의 빅토리아 호수에서는 폐어를 상품으로 내건 대형 양어장들이 문을 열었다. 사람만이 아니다. 이 아프리카 하천에 서식하는 많은 악어와 수달은 물론 중앙아프리카 습지에 서식하는 넓적부리황새(머리가 거대하고, 덩치가 아주 크며 인상적인 황새의 일종)도 폐어를 아주 좋아한다.

폐어는 또한 아프리카의 전통 의술에서 알코올 중독과 유방암부터 성기능 장애에 이르기까지 모든 병에 효과가 좋은 만병통치약으로 사용된다. 하지만 이 물고기에게 이런 의학적 문제에 도움이 될 성분이 함유되어 있다는 과학적 증거는 없다.

폐어는 또한 아프리카 전통 의술에도 사용된다.

물 밖에서 여러 해를 생존할 수 있는 폐어는 '프레퍼족'(자연재해나 재난 등 멸망에 대한 대비를 철저히 하는 사람들— 역주)의 원조다.

　폐어가 좋아하는 먹이는 민물에 사는 연체동물인데, 폐어 한 마리가 한 번에 달팽이 200마리까지 먹을 수 있는 것으로 추정된다. 불행히도 달팽이는 기생 편형동물인 주혈흡충의 중간 숙주이고, 수백만의 아프리카인이 이 기생충 때문에 주혈흡충증에 걸린다(세계보건기구 자료에 따르면 매년 2억 9천만 명이 예방 치료를 받아야 하는 질병이며, 이 병이 서사하라 아프리카에 얼마나 많이 퍼져 있는지를 알 수 있다). 따라서 폐어는 맛도 맛이지만, 이 기생충이 기생하는 달팽이를 많이 먹음으로써 사람에게 침입하지 못하게 예방하기 때문에, 인간 건강에 간접적으로 중요한 역할을 한다.

　폐어는 사억 년 이상 지구에 존재해 왔다. 이들은 공룡보다도, 현화식물보다도, 아프리카 대륙보다도 오래되었다. 그토록 오랜 세월 동안 치열하게 살아남은 이 물고기에게 존경을 표한다.

39

대서양칠성장어

{Petromyzon marinus}

일반명
뱀파이어 물고기
(vampire fish)

몸길이
최대 1.27m

서식지
대서양의 차가운
심해, 강으로 회유

눈에 띄는 특징
비늘, 아가미, 턱이 없음

개성
기생살이

좋아하는 것
혈액

특별한 기술
흡입

보존 상태
관심 대상

이제 지구에서 가장 원시적인 물고기를 만나보자. 내가 사용하는 '물고기'라는 용어의 기준은 엄격하지 않다. 고대부터 생존해 온 턱이 없는 이 물고기는 비늘이 없고 매끄러운 피부만 있다. 아가미도 없어서, 그냥 머리 옆면에 길게 옆으로 구멍이 나 있다. 그리고 다른 물고기들과 달리 지느러미도 없다. 가슴, 배, 뒷지느러미 모두 없다. 칠성장어과는 턱이 없을 뿐만 아니라 상어나 가오리와 마찬가지로 뼈가 아닌 연골이 몸을 이루고 있다. 그러나 칠성장어과는 과거의 유물이 아니다. 이들은 수백만 년이 지난 지금까지도 꿋꿋이 버티며 성공한 현대의 물고기다.

뱀파이어 물고기

칠성장어과에는 다른 이름 몇 개가 있는데, 가장 자극적이고 기억하기 쉬운 이름은 '뱀파이어 물고기'다. 이들은 절대적인 흡혈 동물이다. 즉 생존을 위해서 피를 마셔야 한다는 뜻이다.

진짜 기생살이를 하는 흡혈 동물(44~47쪽 흡혈메기 참조)은 거의 없지만, 칠성장어과는 오랜 세월 살아남은 흡혈 동물의 원조다.

오늘날 지구상에 알려지고 과학적으로 기술된 칠성장어과는 38종이 있지만, 이 가운데 18종만 피를 먹고 산다. 나머지는 일반적으로 유생 때는 민물에서 살고, 여과섭식을 하며 성어로 탈바꿈을 한 뒤 번식을 하고 죽는다. '칠성장어(lamprey)'는 라틴어 lambere(핥다)와 petra(돌)에서 파생된 이름으로, 번역하면 '돌 빨판' 또는 '돌 핥기'란 뜻이다. 이름만으로도 물에 쓸려나가지 않기 위해 놀라운 입으로 사물에 달라붙는 칠성장어의 습성을 잘 알 수 있다. 또한 칠성장어는 말 그대로 물이 자신을 이끌도록 몸 주변에 수평 파도를 일으키면서, 물고기들 중에서 가장 효율적으로 헤엄치는 것으로 알려졌다.

피에 굶주려 다른 동물에게 해악을 끼치는 18종 가운데 가장 큰 종은 대서양칠성장어다. 길이는 1.27m, 무게는 2.27kg까지 자랄 수 있는데, 때때로 자기보다 큰 물고기에게 여러 마리가 달라붙어서 무시무시한 기생 물고기가 될 수 있다. 연어처럼 이 물고기도 번식을 위해 강으로 올라가고, 알을 낳을 '산란 구역'을 파헤친다. 대개 그 장소는 돌이 많은 강바닥의 얕게 팬 자갈밭인데, 수컷이 꼬리를 휘저어서 만든다. 그 후 수컷은 페로몬을 발산하여 하류로 떠내려가게 하여 암컷을 유인한다. 암컷이 다가오면, 수컷은 운 따위에 맡기는 일 없이, 전면의 등지느러미 뒤에 있는 융기한 지방세포를 통해 열을 발산하여 암컷을 더욱 유혹하고 흥분시킨다.

알을 낳은 후 암컷과 수컷은 모두 죽고 그 썩어가는 시체는 다음 세대의 먹이가 된다. 칠성장어 유생은 아주 작은 튜브 형태인 '암모시테스(Ammocoetes)'라고 한다. 그 형태로 몇 년 동안 거의 플랑크톤처럼 강물에 떠다닌다. 유생이 자라서 적당한 크기와 상태가 되면, 바다로 가서 내가 그린 그림처럼 기괴하면

칠성장어의 몸은
상어나 가오리와
마찬가지로 뼈가 아니라
연골로 되어 있다.

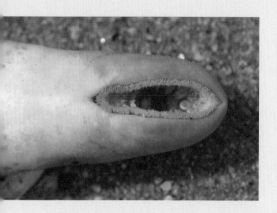

심상치 않지만
단순한 턱.

서도 아름다운 성어로 탈바꿈한다.

드라큘라의 금붕어

칠성장어과가 살아남는 비결은 물어뜯기다. 그 입 부분은 그 목적에 딱 맞게 생겼다. 하나의 빨판으로 이루어진 이들의 입은 아주 섬뜩하고 무시무시하게 생겼는데, 그 어떤 동물도 이렇게 진화하지는 않을 것이다. 외계인의 입처럼 생긴 입은 고무 테두리에 의한 흡입 압력을 이용하여 먹잇감의 몸에 딱 달라붙는다. 그 다음에 원형의 여러 층으로 난 이빨이 먹잇감의 살과 비늘을 꽉 쥔다. 그 동안 입 부분이 아주 집요하고 리드미컬하게 톱질하듯이 움직이면 먹잇감에서 칠성장어를 떼어내기란 거의 불가능하다. 일단 자리를 잡으면 칠성장어는 날카롭고 뾰족한 거친 파일처럼 먹이 동물의 몸에 구멍을 뚫고, 비늘과 근육, 혈관계를 파고든다. 이때 칠성장어의 입에서 램프레딘이라고 하는 항응고액이 나와서 먹잇감의 혈액이 순조롭게 흘러나온다. 마지막으로 칠성장어는 삼키기 동작으로 펌프질을 하여 혈액을 장으로 계속 흘려보낸다.

평균 크기의 칠성장어 성어는 성어로 사는 12~18개월 동안 약 18kg의 물고기를 죽이는 것으로 추산된다. '죽인다'라는 단어를 사용한 까닭은 '칠성장어에게 물린' 물고기는 감염 또는 출혈 때문에 살아남을 가능성이 낮기 때문이다. 설령 살아남는다 해도, 몸 측면에 커다랗게 뚫린 구멍 때문에 몸이 약해질 것이다.

칠성장어의 이런 먹이 섭취 기술은 수백만 년 동안 효과가 있었다. 사실 20세기 초에도 일부 칠성장어에게서 이 기술이 관찰된 것으로 보아 이들의 적응성이 뛰어나다는 것을 알 수 있다.

기생 물고기의 번성

1900년대 초 북아메리카는 새로 밀려오는 수많은 이민자들에게 기회의 땅이었다. 당시 개척자들이 시작한 야심찬 거대 프로젝트 가운데 하나는 이 신세계에서 대자연이 만든 경이로운 오대호(슈피리어호, 미시간호, 온타리오호, 이리호, 휴런호)를 연결하는 운하 건설이었다. 오대호는 모두 합하면 지구에서 가장 큰 담수이며 지구 전체 담수의 오분의 일 이상을 차지한다. 1919년에 처음으로 온타리오호와 이리호를 연결하는 웰랜드 운하가 완공되었고, 마지막 운하인 세인트로렌스 수로가 나이아가라 폭포를 우회하여 건설되어 마침내 모든 호수가 연결되었다.

이것은 인간 개척자들에게 완전히 새로운 기회가 되었을 뿐만 아니라 지구에서 가장 '원시적인' 물고기에게도 개척의 통로가 되었다. 수많은 대서양칠성장어가 오대호로 몰려들기 시작했고, 불과 10년 만에 모든 호수에 이 '흡혈 기생 물고기'가 서식하게 되었다. 과거에 유럽과 캐나다, 미국의 하천 생태계는 대서양칠성장어의 존재에 잘 적응했고, 이들을 경계하는 현지의 물고기들은 여러 해 동안 이들과 함께 진화하면서 기생 먹이 균형이 건강하게 유지되었다. 하지만 생태학적으로 '순진한' 송어와 농어, 화이트피시(송어의 일종)로 채워져 있던 이 거대한 수역에 처음으로 대서양칠성장어가 들어왔을 때는 전혀 달랐다. 대서양칠성장어는 무자비하게 반응하여, 유입된 지 한 세기도 지나지 않아 호수의 많은 송어를 죽였다. 사업적으로 연간 천만 달러의 가치가 한번에

> 수많은 대서양칠성장어가 오대호로 몰려들기 시작했다.

사라진 것이다. 대서양칠성장어는 공공의 적, 일순위였다. 아마 '고향을 가장 강하게 강타한 침략종'일 것이다. 하지만 대서양칠성장어 입장에서 이런 평가는 그들이 성공했다는 증거다.

40

서인도양실러캔스

{Latimeria chalumnae}

일반명
곰베싸(gombessa),
아프리카실러캔스

몸길이
최대 2m

서식지
수중 동굴

눈에 띄는 특징
진한 파란색으로 위장

개성
살아 있는 화석

좋아하는 것
밤낚시

특별한 기술
눈에 띄지 않기

보존 상태
심각한 멸종 위기

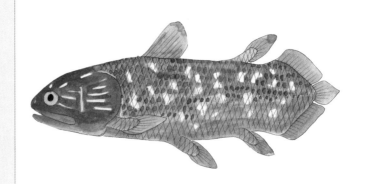

지 구에 사는 물고기 가운데 가장 원시적으로 보이는 것이 있다면, 틀림없이 서인도양실러캔스일 것이다. 이것은 그냥 피상적인 견해가 아니다. 사람들이 실러캔스를 처음 접한 것은 그것과 가까운 친척의 화석을 통해서였는데, 그 화석의 연대는 석탄기 초기(약 3억 6천만 년 전)로 거슬러 올라간다. 실제로 실러캔스는 칠성장어만큼 오래된 물고기다. 전문가들은 오랫동안 실러캔스가 가장 최근의 대멸종 시기였던 백악기와 에오세 사이의 격변기(6,600만 년 전)에 멸종했다고 믿어 왔다. 하지만 어느 날 갑자기, 죽은 지 얼마 안 되는 실러캔스 한 마리가 남아프리카공화국의 도시 이스트런던에서 한 어부가 잡은 물고기 사이에서 발견되었다.

오랫동안 전문가들은 실러캔스가 6,600만 년 전에 멸종했다고 믿었다.

지느러미가 다리로 변하다

간단히 살펴보겠지만, 이 중대한 발견이 있기 전까지 실러캔스는 '식물 잎 모양의' 지느러미(lobed fine) 때문에 중요한 화석이었다. 진화사에서 이 물고기는 물고기와 사지동물(양서류, 파충류, 조류, 포유류처럼 사지가 달린 동물) 사이의 잃어버린 고리로 보였다. 생명이 바다에서 시작되었고, 그 후 무슨 이유 때문인지 억지로 육지로 이동했다는 것은 널리 알려진 사실이다. 실러캔스는 해부학적으로 가치 있는 내용이 담긴 화석 기록으로 발견된 최초의 물고기였다. 실러캔스 화석은 상당히 흔했고 광범위하게 분포했으며, 수백만 년 전에 멸종된 것으로 여겨졌다. 그러던 어느 날 갑자기 상황이 바뀌었다.

때는 1938년 12월 23일이었다. 생물 교사인 마저리 코트니-라티머(Marjorie Courtney-Latimer)에게 깜짝 놀랄 일이 생겼다. 실러캔스에 대한 이론과 척추동물의 육지 생활이 시작된 것을 이미 잘 알고 있던 그녀는 지역의 한 수산시장을 돌아보며 자신의 작은 수족관에서 키울 어종을 찾고 있었다. 그러던 중에 우연히 아주 최근에 죽은 것이 분명한, 1m 길이의 실러캔스를 보게 되었다. 핸드릭 구센(Hendrick Goosen)이라는 선장이 잡은 이 물고기는 스내퍼, 정어리와 함께 진열대 위에 놓여 있었다. 아니나 다를까 이 물고기는 눈에 띄었다. 다리가 달린 잉어 같지는 않았다. 커다란 눈에, 넓은 지느러미, 크고 전형적인 꼬리 안에 추가로 작은 꼬리지느러미(내가 좋아하는 물고기 특징)가 세트로 있는, 넓고 단단하고 뚱뚱한 몸이 원시적으로 보이는 물고기였다. 실러캔스는 짧고 두툼한 다이아몬드 모양의 비늘이 가득 덮인 나무 조각상이라고 해도 무방해 보였다.

코트니-라티머는 자신의 눈앞에 있는 것이 6,600만 년 전에 사라졌다고 여겨졌던 생명체의 살아 있는 화석이라는 사실을 믿을 수 없었다. 단, 이 물고기가 그날 아침에 죽었다는 것은 분명했다. 그녀는 어부와 이야기를 나누며 여러 가지를 묻기 시작했다. 이 물고기를 어디에서, 얼마나 자주 잡았는지, 이것이 일반적인 크기인지, 그리고 어부에게 가장 중요한 질문인 얼마를 받고 싶은지 물었다. 그녀는 일단 묻고 싶은 질문을 한 뒤 충분한 돈을 주고 그 물고기를 집으로 가져왔다. 그리고 상관인 J. L. B. 스미스에게 전화를 걸었다. 유명한 어류학자인 스미스는 이 발견이 얼마나 중요한지 분명하게 이해했다. 그는 이 생명체를 과학적으로 기술하고, 발견자에게 경의를 표하여 발견자 라티머의 이름을 따서 새로운 속명 '라티메리아(*Latimeria*)'를 공식적으로 붙여주었다. 이 물고기는 마다가스카르 근처의 코모로 제도 앞바다에서 잡힌 것으로 밝혀졌고, 이제 우리는 그 서식 범위가 남아프리카공화국 북부에서 케냐까지 이어진다는 사실을 알게 되었다. 실러캔스는 낮에는 수심 180~243m의 수중 동굴에 숨어 있다가 밤이 되면 밖으로 나와 작은 물고기와 갑각류를 잡아먹는다.

> 실러캔스는 사지처럼 생긴 지느러미를 걷는 용도로 사용할 수 있었을까?

원시 물고기의 보존

하지만 두 사람에게는 더 시급한 문제가 있었다. 남아프리카공화국 여름의 기후와 더위 때문에 물고기에게서 냄새가 나기 시작했다는 것이다. 이 물고기를 가능한 한 빨리 냉장고에 넣어야 했다. 하지만 1939년 남아프리카공화국에서 누가 1m 길이의 물고기를 넣을 수 있는 냉장고를 갖고 있었을까? 당연히 물고기를 자르고 싶지는 않았다. 자르면 귀중한 정보를 많이 잃을 것이고, 어부가 말하길 실러캔스가 거의 잡히지 않는다고 했기 때문에 이 표본은 아마 마지막 표본이 될 가능성이 높았기 때문이다. 그래서 물고기를 통째로 넣을 수 있는 큰 냉동 창고 주인을 섭외했다. 결국 코트니-라티머는 자신이(또는 그 사안에 대해서는 다른 누군가가) 찾은 것 같은 가장 놀라운 생물 표본을 안전하게 보존할 수 있게 된 후에야 안심하고 쉴 수 있었다.

이때 라티머가 알지 못했던 것은 앞으로 며칠이 정신없고 기이한 시간이 될 것이라는 사실이었다. 처음에 과학계에는 이 물고기가 속임수이거나 장난이라고 생각한 사람이 많았다. 하지만 스미스 같은 유명 인사가 인정하자 이내 중요한 발견이라고 알려졌다. 이것은 시작에 불과했다. 실러캔스가 아직도 존재한다는 사실이 알려지면서, 더 많이 찾기 위한 조사가 이루어졌다. 그리고 한 종이 아닌 더 많은 종이 있음이 밝혀졌다. 1997년에 인도네시아실러캔스(*Latimeria menadoensis*, 역시 수산시장에서 발견)가 발견됨에 따라 최소 두 종이 존재한다는 것이 확인되었다. 인도네시아실러캔스는 술라웨시섬, 파푸아섬, 서뉴기니섬 앞바다의 수심 약 150m 깊은 곳에 서식한다.

이제 실러캔스에 대하여 널리 알려지고 연구되고 있기 때문에, 사람들은 이들과 함께 물속에서 잠수도 할 수 있게 되었다. 이 물고기는 성적으로 이형인데, 다른 동물들과 마찬가지로 수컷은 옅은 파란색 반점이 있는 아름다운 로열블루 피부를 갖고 있고, 암컷은 수컷보다 크며 색이 좀 더 흐릿하다는 사실도 알려졌다. 또한 실러캔스가 난태생이라는 사실도 밝혀졌다. 약 1년의 임신기간 후에 살아 있는 어린 치어를 낳는다는 뜻이다.

하지만 실러캔스의 생리적 기능에 대한 가장 큰 문제는 여전히 풀리지 않은 미제로 남아 있다. 이들은 사지처럼 생긴 지느러미를 걷는 용도로 사용할 수 있었을까? 고대부터 살아남은 이 물고기는 단연코 물속에서만 생활하는 동물이며 어부에게 잡힐 때 외에는 물 밖으로 나오지 않는다. 따라서 지금까지 살아남은 실러캔스에게서는 이런 가능성을 볼 수 없지만, 육지에 사는 사지동물의 조상일 가능성이 있다는 것이 유전자에서 나타났다. DNA를 분석한 결과 실러캔스는 다른 경골어류(폐어 제외)보다는 사지동물 중 양서류에 더 가까운 것으로 드러났다. 결국 실러캔스는 정말로 잃어버린 고리가 맞는 것 같다.

화석 동물이었다가 살아 있는 생명체가 된 실러캔스는 정말로 선사시대의 동물처럼 보인다.

41

뭉툭코여섯줄아가미상어

{*Hexanchus griseus*}

일반명
신락상어, 큰상어

몸길이
최대 5.5m

서식지
심해

눈에 띄는 특징
여섯 줄로 자리 잡은
톱니 모양의 이빨

개성
썩은 고기를
먹는 청소부

좋아하는 것
고래 고기

특별한 기술
눈에서 빛이 나서
어두운 곳에서도
잘 볼 수 있음

보존 상태
준위협

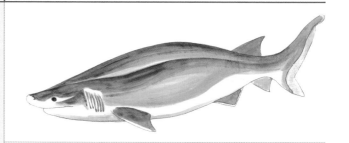

이 상어는 살아 있는 것보다 화석이 더 많기 때문에 지구에서 가장 미스터리하다. 흔히 '암소상어(Cow shark)'·'신락상어'라고 불리지만, 그 생활은 이름만큼 잘 알려져 있지 않다. '어떻게 5.5m까지 클 수 있는가'라는 의문도 여전히 해결되지 않았다. 이렇듯 '뭉툭코여섯줄아가미상어'(이하 '뭉툭코상어')가 계속해서 비밀에 싸여 있는 것은 이 어종이 수심 최대 1,800m의 깊고 캄캄한 곳에 사는 것을 좋아하여 실제 성어 크기를 아무도 모르기 때문이다. 그럼에도 이 상어는 크기에서 세계 10대 상어에 들어간다.

엄청난 수압

깊은 바다는 살기 힘든 곳이다. 사물이 우그러질 정도로 수압이 엄청나고, 칠흑처럼 어둡고, 용존 산소량도 극도로 낮다. 그런데 왜 애초에 이러한 심해에서 살게 되었을까? 그 대답은 먹이다. 심해의 물과 평지에는 먹잇감이 많다. 우선 해저에는 한 번에 거의 69만 마리의 고래 사체가 있어서, 이 어두컴컴하지만 거대한 서식지라는 생태계의 기반이 되는 곳에 고기와 썩은 고기를 제공한다. 어떤 동물이 진화하여 위에서 말한 모든 문제가 해결된다면, 다양한 먹이를 먹을 수 있는 이곳은 서식할 만한 가치가 충분하다.

뭉툭코상어는 죽어서 해저에 가라앉은 고래를 먹어치우는 주요 청소부 중 하나다. 고래가 죽으면 처음에는 바다를 둥둥 떠다니면서 우리가 잘 아는 상어들의 먹이가 된다. 며칠에 걸쳐서 썩어가는 사체에서 기체가 모두 빠져나가면, 사체는 서서히 대양저로 가라앉기 시작한다. 죽은 고래에서는 톡 쏘는 듯한 자극적인 유인물이 나오는데, 예상대로 해저의 청소부들은 이 유인물에 끌린다. 그래서 수 킬로미터나 떨어진 곳에서도 기가 막히게 잘 탐지하고 찾아온다. 부패하는 고래는 말 그대로 거의 하늘에서 내려온 기적의 음식이다. 거대한 뼈가 해저에 놓이기 전부터 썩은 고기가 수백 미터에 걸쳐 떨어지기 때문에 심해는 고칼로리 먹이로 가득 차 있다.

그렇게 큰 먹이가 정기적으로 내려오기 때문에 뭉툭코상어가 이렇게 크게 자라는 것이 별로 놀랍지 않다. 그럼에도 고래 사체로 잔치를 벌이는 이들을 우리가 카메라나 구형 잠수 장치, 미니 잠수함의 창 또는 원격 카메라를 통해서밖에 보지 못하는 이유는 이들이 선호하는 서식지가 저 수심 수백 미터 아래이기 때문이다. 그들은 얼굴이 크고 뭉툭한 덕분에 머리를 통째로 고래 시체 안에 넣고 톱니 모양의 이상한 이빨로 가장 맛좋은 근육을 먹을 수 있다(183쪽 참조). 그 다음에 그 괴물 같은 머리를 세차게 흔들어서, 죽은 지 오래된 고래에게서 고기 덩어리를 뜯어낸 뒤 서둘러 꿀꺽 삼켜버린다.

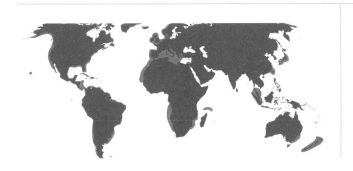

칠흑같이 어두운 깊은 바다에 사는 뭉툭코상어 성어의 실제 크기를 아는 사람은 아무도 없다.

거대한 괴수들의 잔치

이 상어들은 고래 고기 잔치에 어마어마하게 많이 몰려든다. 잠수부들은 해저에서 열리는 잔치에 오는 뭉툭코상어들에게 작은 잠수정이 밀쳐졌다는 이야기를 하곤 한다. 또한 이 상어의 날카롭고 뾰족한 이빨은 이들이 새치, 먹장어, 문어, 오징어 등 살아 있는 먹잇감을 직접 잡아먹는다는 것을 암시한다. 우리에게는 느릿느릿 기운 없이 헤엄치는 뭉툭코상어가 익숙하긴 하지만, 배가 많이 고프면 이들도 빨리 움직일 수 있는 것으로 보인다.

뭉툭코상어 외에도 '뭉툭코'를 진화시킨 상어가 많지만, 이들은 대체로 아가미가 다섯 개밖에 없다(마침 근해의 약간 덜 깊은 곳에도 사는 칠성상어가 있긴 하다). 아가미가 여섯 개인 상어는 세 종밖에 없는데, 뭉툭코상어 외에 똑같이 신비롭고 이상하게 생겼지만 관계는 없는 주름상어(*Chlamydoselachus anguineus*)와 큰눈여섯줄아가미상어(*Hexanchus nakamurai*)가 있다. 큰눈여섯줄아가미상어는 뭉툭코상어와 속명이 같고, 인도양과 서태평양의 대륙붕에서 발견된다. 속명인 '*Hexanchus*'는 고대 그리스어 hex('6' 의미)와 anchus('굽은 곳' 또는 지형 '만' 의미)에서 파생되었다. 아마 굴곡진 아가미구멍을 가리키는 것 같다.

> 배가 많이 고프면 뭉툭코상어도 빨리 움직일 수 있는 것으로 보인다.

어둠 속에서 길을 찾는 법

뭉툭코상어의 생활에 대하여 생기는 또 하나의 의문은 이 거대한 상어가 수압이 높은 어둠 속에서 어떻게 항해하는가이다. 이들은 어둠 속에서 녹색으로 빛나는 눈을 갖고 있지만 이들이 서식하는 깊이까지는 빛이 거의 도달하지 않기 때문에 시각은 주요 감각이 아니다. 일반적으로 대부분의 다른 상어들처럼 아주 뛰어난 후각을 갖고 있는 것으로 보인다. 입증된 바에 따르면 상어는 올림픽 수영 경기장에 피 한 방울만 떨어져도 탐지할 수 있다고 한다. 따라서 뭉툭코상어의 후각이 그 정도까지는 아니더라도 어느 정도 예민하다면, 먹이를 효과적으로 찾을 수 있을 것이다. 이들이 부패하는 고래에게서 풍겨 나오는 자극

뭉툭코상어는 먹이를 발견하면 꿀꺽 삼켜버린다.

적인 냄새를 쉽게 탐지하는 것은 당연하다.

뭉툭코상어는 믿을 수 없을 정도로 깊은 바다에 살지만, 지구에서 가장 널리 분포하는 상어 가운데 하나이다. 아이슬란드에서 나미비아, 브라질, 서아프리카에 이르는 대서양 전역에서 발견된다. 인도양과 태평양에서는 마다가스카르부터 일본에 이르는 바다에서 발견되었으며, 최근에는 캐나다 밴쿠버 해안까지 파도에 밀려온 적도 있고 필리핀의 난파선 위에 있던 원격 조작 기기(ROV)에 촬영되기도 했다. 이들은 비교적 얕은 바다인 그리스와 몰타에서도 목격된 바 있으며, 2019년에는 거대한 한 마리가 터키 해변에 밀려오기도 했다. 이 상어는 무게가 400kg이 넘어서 옮기기 위해 크레인이 필요할 정도였다. 이와 같이 지중해와 에게해, 흑해도 잘 다니는 구역이다. 하지만 진짜 살아 있는 뭉툭코상어를 보려면 고래 시체의 위치를 알아내어 잠수정을 타고 바닷속으로 들어가서 보는 것밖에 방법이 없다.

하지만 나는 그것이 해볼 가치가 있다고 생각한다. 지구에서 가장 원시적이고, 거대하며, 신비한 상어의 빛나는 눈을 보는 것은 믿을 수 없을 정도로 엄청난 일이다!

42

베타

{*Betta splendens*}

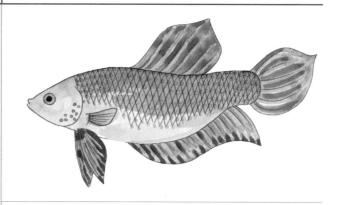

일반명

샴 투어

몸길이

6~8cm

서식지

강 유역

눈에 띄는 특징

물결치는 지느러미,
밝은 색으로 태어남

개성

싸움을 좋아함

좋아하는 것

동물성 플랑크톤,
작은 갑각류

특별한 기술

둥지 만들기

보존 상태

취약

스페인 플라멩코 댄서의 의상처럼 화려하고 매력적인 물고기인 베타는 확실히 수족관에 사는 여러 물고기 중에서도 쉽게 알아볼 수 있다. 또한 영어 이름(siamese fighting fish)에서 알 수 있듯이 현존하는 물고기 중에서 가장 공격적이다. 이런 특징 때문에 한때 국제적으로 많은 사람이 이 물고기를 찾았다.

이 물고기의 학명 '*Betta splendens*'를 번역하면 '아름다운 전사'다. '베타(*Bettah*)'는 동남아시아의 전사 부족이고, '*splendens*'은 '멋진' 또는 '아름다운'이란 뜻이다. 아마 싸움하던 시절은 뒤로 감춘 채, 현재 전 세계 수조에서 사육되면서 버들붕엇과(*Osphronemidae*) 중에서 가장 아름다운 종으로 사람들에게 소개되고 있을 것이다. 버들붕엇과에는 이 밖에도 133종의 밝은 색 물고기 종들이 있다. 그러나 사람들은 오래전부터 베타에게 빠져들기 시작했는데, 그 이유는 전적으로 이들의 싸움 능력 때문이었다.

권투하는 물고기

역사적으로 이 물고기에 대한 애착의 징후가 처음 보인 곳은 18세기 초, 톤부리 왕조의 라마 3세가 다스리던 태국이다. 당시 기록에 물고기 싸움에 대하여 도박을 금지시키고 세금을 부과한다는 법률 조항이 있었던 것으로 보아, 베타가 그 전부터 엄청나게 인기 있었음을 알 수 있다. 당시 국왕은 챔피언이 된 물고기를 수집하여 소장하기까지 했다.

전해지는 이야기에 따르면, 이런 애착은 아이들의 놀이로 시작되었다고 한다. 아이들은 예쁘게 생긴 이 물고기를 잡아 항아리나 물병에 넣고서 물고기끼리 싸우는 것을 보며 환호했을 것이다. 그리고 저녁이 되면 마을의 승자 물고기가 정해진다. 이 작은 물고기는 흔하게 볼 수 있어서 아이들은 그 타고난 공격성을 쉽게 알아챌 수 있었을 것이다. 아마 베타가 대개 논에서 발견되기 때문에 이런 일이 일어난 것 같다. 동남아시아의 주식인 쌀을 재배하려면 물이 많이 필요하다. 논은 본래 농사를 짓는 습지로, 양서류와 조류, 물고기를 포함하여 많은 습지 생물의 서식지다.

논에서는 벼를 재배할 뿐만 아니라 물고기도 잡을 수 있기 때문에, 이렇게 관리되는 생물 다양성은 대체로 권장된다. 물고기는 모기와 다른 곤충의 유충을 잡아먹는데, 이런 관계 덕분에 흡혈 곤충으로 인한 전염병 발생을 막을 수 있다. 논은 아이들이 일상생활에서 베타를 보고 자연스럽게 아주 재미있는 물고기 세력권 다툼 행동을 목격할 가능성이 가장 높은 곳이다. 아이들은 자라면

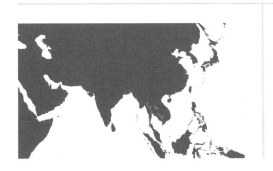

베타는 현존하는
물고기 중에서
가장 공격적인
물고기다.

서 부모를 도와 논농사를 지어야 되기 때문에 아주 자연스럽게 들에서 시간을 보내게 된다. 하지만 사람들은 바쁘게 일하는 중에도 천성적으로 재미있는 오락거리를 찾기 마련이며, 물고기 싸움을 붙이는 것은 무엇보다도 재미있었을 것이다.

야생 베타는 색이 비교적 흐린 편이다. 그래도 아름답기는 하지만, 우리가 오늘날 볼 수 있는 수족관 속의 베타와 비교하면 다소 창백해 보인다. 사람들의 관심을 끈 것은 그들의 호전적인 행동이었을 것이다. 아이들이 싸움을 붙이는 것이 전통으로 자리를 잡자, 오래지 않아 마을의 성인 남자들은 시합 결과를 두고 작은 내기를 하기 시작했다. 결국 투어 도박은 태국의 국민 오락이 되었다.

1840년이 되어서야 국왕 라마 3세는 왕실의 '투어' 사육장을 두었고, 투어 싸움은 전 세계로 퍼져나갔다. 국왕은 물고기 중 일부를 한 수집가에게 나누어 주었고, 그 물고기는 인도 벵골에서 일하던 덴마크 의사 시오도어 에드워드 칸토(Theodore Edward Cantor)에게까지 갔다. 그는 1850년에 베타에 대하여 과학적으로 기술하고 '발이 큰 전사'(지느러미가 일종의 사지이다)라는 뜻의 라틴어에

서 파생된 'Macropodus pugnax'라는 학명을 붙여주었다. 하지만 칸토가 몰랐던 사실이 있었다. 그것은 이 이름이 이미 동아시아의 '버들붕어'에게 붙여졌고, 버들붕어는 베타와 비슷하게 생겨서 중국에서는 '중국 베타'라는 일반 이름으로 통했으며 싸움 경기에도 이용되고 있었다는 사실이다. 따라서 나중에 이름이 붙여진 베타의 학명을 바꾸어야 했고, 1909년에 찰스 테이트 리건(Charles Tate Regan)은 전설적인 전사들의 이름을 따서 'Betta splendens'라는 학명을 새로 부여했다.

그렇다면 베타가 싸우는 이유는 무엇인가? 베타 수컷들은 영역 다툼을 하는 것이다. 수컷 두 마리가 서로 맞서서 싸우기 시작한다. 유명한 이야기인데, 이들은 아주

베타는 현란한 색깔을 선보인다.

공격적이어서 물에 비친 자기 그림자를 보고도 반사적으로 공격한다고 한다. 싸움은 서로 아가미뚜껑을 펄럭이는 것으로 시작한 후에 서로에게 돌진하여 상대의 살덩어리를 물어서 뜯어낸다(베타의 태국 이름인 플라-카트[pla-kat]는 '물어 뜯는 물고기'라는 뜻이다). 싸움은 둘 중 하나가 포기를 하고 멀리 갈 때까지 계속되며, 때때로 중상을 입거나 죽기도 한다. 싸움은 움직일 공간이 훨씬 적은 수조보다는 야생에서 하는 것이 더 쉽다. 암컷 역시 거의 수컷만큼이나 완고한 것으로 보이며, 역시 상당히 잘 싸운다. 하지만 야생에서 암컷들은 죽을 때까지 싸우기보다 자기들 마음대로 지배 위계를 만들고 어떻게든 평화 상태를 만든다.

천연 버블티

베타는 아주
복잡하게 뒤얽힌
둥지를 짓는다.

싸움으로 유명한 베타지만, 이들에게는 세련되고 거의 예술적이라고 할 수 있는 면이 있다. 베타 수컷은 공기를 이용하여 수면에 거품 매트를 만들어서 아주 복잡하게 뒤얽힌 둥지를 짓는다. 그리고 그 둥지에서 춤을 추며 암컷에게 구애를 한 후, 결혼 포옹이라는 것을 하며 자기들을 감싼다. 번식할 준비가 된 암컷은 색깔이 변하고, 옆면에 세로 줄무늬가 나타난다. 암컷이 산란을 하면, 수컷이 수면에 떠 있는 거품집 안에 알을 놓고 수정시킨다. 혹시 수정란이 아래로 떨어지면, 수컷이 입으로 잡아서 다시 거품집 안에 밀어넣어 안전하게 지킨다. 암컷도 이런 수컷의 노력을 지원하지만 종종 알을 먹기도 하는 것으로 보였다. 이 때문에 암컷이 알을 모두 낳고 나면 수컷이 암컷을 쫓아내는 것 같다. 섬세한 거품집에는 최대 40개의 알이 보관되어 있고, 36시간이 지나면 알은 아주 작은 치어로 부화하는데 영양분 공급을 위해 난황난은 여전히 붙어 있다. 치어는 거품집에 며칠 더 머무를 수 있고 그 동안 수컷은 그 아래를 배회하며 포식자와 문젯거리로부터 이들을 보호한다.

이와 같이 투어라는 스포츠는 태국의 사회와 역사에 깊이 자리 잡고 있기 때문에, 이 어종이 최근 태국의 국민 동물로 선언된 것이 놀랍지 않다. 태국의 야생에 인도코끼리와 호랑이가 있다는 점을 생각하면, 이 선언이 베타에게는 아주 고귀하고 가치 있는 영예라는 것을 알 수 있을 것이다.

43

큰입선농어

{*Lates calcarifer*}

일반명
바라문디

몸길이
약 60~120cm

서식지
담수 또는 염수

눈에 띄는 특징
등지느러미가 최대 9개

개성
변형성

좋아하는 것
산란

특별한 기술
성 전환

보존 상태
관심 대상

물 고기들 중에서 아주 드물게 전설을 갖고 있는 큰입선농어는 분류학적으로나 성적으로 아주 헷갈리지만, 세계적으로 알아보기 쉬운 물고기다. 이 어종은 특히 오스트레일리아에서 유명하며, 여기저기 잘 돌아다닌다.

큰입선농어는 '아시아농어'로도 알려져 있고, 인도-서태평양 전역에서 발견되며 지역마다 이름이 다르다. 더 구체적으로 보면 인도에서는 베크티(bhekti, 벵골어), 스리랑카에서는 모드하(modha, 신할리즈어)와 케두와(keduwa, 타밀어)로 알려져 있다. 남아시아(광동어로 만초[mann cho], 자바어로 카바[cabah])와 저 멀리 일본(아카메[akame])과 필리핀(소롱소롱[solongsolong]), 오스트레일리아 북부에서도 발견된다.

부주의한
낚시꾼은
큰입선농어의
등가시에
찔릴 수 있다.

큰 비늘 물고기

바라문디(barramundi)라는 일반명은 오스트레일리아 원주민의 단어인데, '비늘이 큰 강 물고기'라는 뜻이다. 기술적으로 이 이름은 원래 어종과 아무 상관없는 남부사라토가(*Scleropages leichardti*)와 북부사라토가(*Scleropages jardinii*)를 가리켰는데, 이 두 종은 사실 오스트레일리아 아로와나(142~145쪽 참조)와 같은 속이다. 바라문디는 또한 오스트레일리아 폐어(168~171쪽 참조)를 지칭하기도 했다. 하지만 1980년대에 상황이 바뀌어 공식적으로 '큰입선농어(*Lates calcarifer*)'의 이름으로 승인되었다. 그 이유는 전적으로 순수 오스트레일리아산인 이 물고기를 오스트레일리아 국내 시장에서 판매하기 위한 훌륭한 광고 수단이었기 때문이다.

'바라(barra)'라는 용어는 자유롭게 응용이 가능하기 때문에, 한 어종만 가리키는 것은 아니다. 이 물고기는 잔잔하고 깨끗한 물을 선호하지만 빠르게 흐르는 탁한 시냇물에서도 발견된다. 또 사실 염수에서도 서식이 가능해서 해안가, 석호나 강, 맹그로브가 자라는 염성 습지, 멀리 바다에서도 발견된다. 따뜻한 기후대(26~30℃가 가장 좋다)이기만 하면 어디에서나 잘 살 수 있다.

큰입선농어는 강하고 유연한 적응력 때문에 바닷가 사람들에게 아주 중요하다. 일부 부족은 단백질 섭취량의 거의 전량을 이 물고기에 의존한다. 그리고 이 물고기는 성장 속도가 빠르고(3~4년 안에 성적으로 성숙한다) 최대 60kg까지 자랄 수 있기 때문에 한 번에 많은 사람이 먹을 수 있다. 현재 큰입선농어는 오스트레일리아인의 식단에서 가장 흔하게 볼 수 있는 바닷물고기이기도 하다. 이 물고기는 등을 따라 솟아 있는 9개의 등가시로 무장되어 있는데, 3개는 뒷지느러미를 따라 뒤에, 나머지는 아가미뚜껑과 다른 지느러미를 따라 있기 때문에 자기를 방어할 수 있다. 다른 많은 가시 물고기처럼 유독하지는 않지만, 등가시 덕분에 다른 물고기들이 이들을 먹으려는 시도를 하지 않으며 부주의한 낚시꾼은 이들에게 찔릴 수 있다.

사랑하는 연인의 전설

큰입선농어는 물고기로서는 드물게 '기원' 전설을 갖고 있다. 이야기마다 약간의 차이는 있지만, 오스트레일리아 노던준주의 원주민들이 들려주는 이야기는 두 젊은 연인을 중심으로 펼쳐지는 낭만적인 전설이다. 아주 먼 옛날 사랑에 빠진 두 젊은이가 마을에서 도망쳤다. 알리마라는 소녀는 부족 원로 중의 한 명과 결혼하기로 되어 있었지만, 이미 같은 부족의 부다라는 청년과 사랑에 빠

> 큰입선농어는 성(sex)을 바꿀 수 있다.
> 이 물고기는 수컷일 수 있고 암컷일 수도 있다.

져 있었으므로 원로와 결혼하고 싶지 않았기 때문이다. 부족 사회에서 원로에게 맞선다는 것은 무례할 뿐만 아니라 죽음의 처벌을 받을 만한 일이었기 때문에 부족 전체는 눈 맞은 두 연인을 뒤쫓았다. 두 사람은 멀리 해안까지 도망갔지만 아래에는 바다가 있는 높은 절벽 끝에 이르고 말았다. 두 사람은 창을 들고 부족민들의 공격에 용감하게 맞섰지만, 수적으로 열세였기 때문에 절망적이었다. 탈출 방법은 오직 하나밖에 없었다. 두 사람은 절벽에서 바다로 뛰어내렸고, 화가 난 부족민들은 두 사람의 등을 겨냥하여 창을 던졌다. 그리고 다시는 두 사람의 모습을 볼 수 없었다.

하지만 바로 이 순간 위대한 정령의 개입이 있었다고 한다. 위대한 정령은 두 사람이 바다에 떨어지자마자 이들을 융합하여 맹그로브 숲에 숨을 수 있는 커다란 물고기 한 마리, 즉 '바라문디'로 만든 것이다(통칭하여 이 이름이 붙여진 여러 물고기 중에서 어떤 종이었는지는 알려지지 않았다). 등과 지느러미에 있는 가시는 불행한 연인의 등에 꽂힌 창을 나타냈다. 이 이야기는 이 물고기가 노던준주 사람들에게 얼마나 중요했는지를 보여준다(실제로 지금도 그렇다). 이곳 원주민들이 관찰력이 뛰어나고 자연과 조화를 이루며 살고 있기 때문에 별로 놀랍지는 않지만, 동시에 매혹적인 것은 이 이야기에 이 물고기의 가장 특이한 특징이

담겨 있다는 사실이다. 그것은 큰입선농어가 성(sex)을 바꿀 수 있다는 것이다. 이 물고기는 수컷일 수 있고 암컷일 수도 있다.

양성 물고기의 장점

수정란에서 부화한 큰입선농어는 모두 수컷이다. 생후 3~4년이 되면 암컷으로 바뀔 수 있다. 번식기(낭만적인 이야기처럼 보름달이 뜨고 계절풍이 불기 시작하는 것이 전조가 된다)가 되면 수컷은 암컷이 기다리고 있는 강어귀와 해안을 향해 강을 내려간다. 수컷과 암컷은 바다에 대고 동시에 수백만 개의 난자와 정충을 투하함으로써 떼를 지어 함께 산란한다. 이렇게 방란기에 한꺼번에 산란하는 물고기들을 '대량 산란군(broadcast spawner)'이라고 하는데, 나머지는 포식자에게 먹히더라도 최소 어느 정도는 수정될 것이라 생각하고 순전히 운과 수적 우세에 맡겨서 산란하는 물고기를 지칭한다. 연례적으로 이루어지는 이 행위가 끝나고 수정의 책임을 완료하면, 수컷은 다시 강 상류의 자기 먹이 영역으로 간다.

그러나 수컷이 모두 돌아가는 것은 아니다. 일부 수컷(대개 더 크고 더 성숙한 수컷)은 뒤에 남아 암컷으로 바뀌는데, 이 특이한 변태에서 염수가 중요한 자극이 된다. 본질적으로 큰입선농어가 클수록 암컷이 될 가능성이 크다. 일단 새로운 수정란이 부화하고 살아남은 어린 큰입선농어가 강 상류로 가서 수컷으로 어린 시절을 지내면 이 순환기는 계속 이어진다.

큰입선농어의
비늘 색깔은
서식 환경에
따라 다르다.

44

웰스메기

{Silurus glanis}

민물에 사는 이 거대 물고기는 거의 악몽이 현실화된 것 같은 생김새다. 커다란 입과 콧수염처럼 매달린 섬뜩한 수염 때문에 동양의 신비로운 용처럼 보인다(추측대로 메깃과의 영어 이름이 'catfish'인 것은 이 수염 때문이다). 작고 쑥 들어간 눈은 어둠 속에서 빛이 비치면 빨갛게 빛나는데, 이것은 눈에 휘판이 있어서 발생하는 효과다. 휘판은 눈 뒤쪽에 있는 내부 반사면으로 실제 고양이에게 있는 것과 똑같다. 휘판은 빛을 바로 반사하여 이용할 수 있는 빛의 양을 두 배로 받게 하여 아주 어두운 환경에서도 볼 수 있게 해준다.

진흙 속 괴물

웰스메기는 많은 전설과 동화에 등장하지만, 대부분의 수생동물처럼 이들을 제대로 자세히 관찰하지 못했다. 얼핏 본 바로는 진흙 속에 특징 없이 길고 구불구불한 몸이 있는 것 같기도 하고, 표면 아래로 재빨리 사라지는 거대 민달팽이처럼 생기기도 했다. 아니면 운 나쁜 새나 다른 작은 동물이 진흙 속에 있는 음험하고 두려운 무언가에 끌려 들어가는 것을 보기도 했다. 아무튼 이물고기에게 있는 무언가는 역사적으로 이들의 원산지인 중부 유럽 국가 사람들의 상상력을 자극했다.

웰스메기는 팬클럽이 생길 가능성은 가장 낮은 물고기지만, 대중성이 커서 전 세계에 퍼져 있다. 1880년에 영국 워번 마을의 사원에 들여진 것을 시작으로, 스페인과 프랑스, 중국까지 도입되었다.

이렇게 널리 보급된 것은 웰스메기가 맛있어서가 아니다(작은 웰스메기는 상대적으로 먹을 만하다). 웰스메기는 성장 속도가 느린 폐기물 처리 물고기로, 시간과 적당한 조건이 갖추어지면 절대적인 거대 괴물로 자랄 수 있다. 역사상 가장 컸던 웰스메기는 무려 길이 5m, 무게 300kg였던 것으로 추정되었다. 이 크기는 지구에서 가장 큰 민물고기로 꼽힐 수 있을 정도이며 유럽에서는 확실히 가장 큰 물고기다. 때때로 낚시꾼들이 자기는 더 큰 것도 잡았다고 주장하지만 인증된 것은 거의 없다. 아마 가장 신뢰성 있는 주장은 이탈리아 포강 삼각주 앞의 아드리아해에서 잡은 144kg, 2.78m 크기의 메기일 것이다.

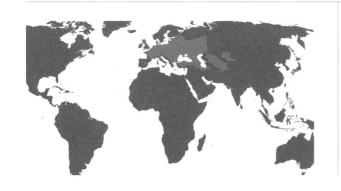

웰스메기는
시간과 적당한
조건이 갖추어지면
절대적인 거대
괴물로 자랄 수 있다.

배회하는 커다란 고양이

영역 주장이 강한 웰스메기는 크고 따뜻한 호수와 깊고 유속이 느린 강을 좋아하며, 일단 그런 곳에 자리를 잡으면 평생을 살아서 살아 있는 한 늘 그곳에서 볼 수 있다. 웰스메기의 수명은 50년이 넘는다. 먹이를 찾아 돌아다닐 때는 일정한 거리를 배회하지만, 먹이에 대한 취향이 보편적이기 때문에 환형 벌레, 연체동물, 갑각류, 곤충 등 좋아하는 먹이는 서식지 가까이에서 찾을 수 있다. 하지만 최근 한 자연 다큐멘터리에서 프랑스에 사는 웰스메기 개체군이 자기만의 사냥 스타일을 발전시켰다고 소개되었다. 이들은 물을 마시는 비둘기를 낚아채거나 비둘기가 날아가기 전에 해변 또는 진흙 둑으로 뛰어올라 잡아챘다. 새의 입장에서 생각하면 정말 끔찍하다. 이 장면은 이 물고기가 굼뜬 괴물이 아니라 활동적이고 창의적인 포식자임을 입증했다.

웰스메기는 주변 세계를 잘 인식하고 매우 민감하게 반응한다. 이 물고기의 몸은 어떤 면에서 거대한 혀와 비슷하다(이것은 다른 많은 메기 종들도 마찬가지다). 몸 전체에 25만 개 이상의 미뢰가 있어서 미각과 후각에 관한 한 아주 작은 것도 놓치지 않는다. 사람의 경우 미뢰가 2,000개밖에 없으며 그것이 모두 입안에 있다.

웰스메기와 다른 메기의 또 다른 공통점은 수염인데, 고양이처럼 눈에 띄게 긴 수염 두 가닥이 위턱의 윗입술에 있고, 아래턱 바로 아래에 짧은 수염 네 개가 있다. 이 '얼굴 촉수'는 용도가 아주 다양하다. 입 위에 있는 긴 수염은 온난한 강바닥이나 호수 바닥의 어두침침한 진흙탕 물속에서 길을 찾을 때 사용된다. 몸의 다른 부분들처럼 수염에도 미뢰가 있어서 냄새와 맛의 방향을 정확하게 찾는 데 도움이 된다. 이렇게 보이지 않는 상태에서 감각에 의존하여 자극적인 세계를 판단하는 방법이 잘 상상되지 않지만, 이 방법이 메기에게는 믿을 수 없을 정도로 성공적이었다. 또 메기는 이미 확인된 것처럼 야간 시력이 뛰어나다. 그러나 웰스메기를 조사했을 때 과학자들이 가장 놀랐던 점은 사실 매우 뛰어난 청각이었다.

> 웰스메기는
> 수염에도
> 미뢰가 있다.

감각의 성공

웰스메기의 청력은 대단히 정확하고 민감해서 믿기 어려울 정도인데, 부레와 귀를 연결하는 베버 기관이라는 독창적인 기능을 진화시키면서 가능했다. 부레가 증폭기 역할을 하기 때문에 웰스메기는 가장 미세한 소리도 들을 수 있다. 게다가 물 자체가 이미 아주 훌륭한 소리 전달체이기도 하다. 일반적으로 우리는 물고기가 수중에서 소리를 이용할 것이라 생각하지 않지만, 소리는 어두운 곳에서 먹잇감의 위치를 찾을 때 추가로 유용한 이점을 제공하는 것이 틀림없다. 특히 일부 물고기와 대부분의 고래류는 사물과 먹잇감의 위치를 파악하고 의사소통을 하기 위해 바닷속에서 음파 탐지기를 이용하는 것이 확실하다. 따라서 한곳에서만 서식하는 커다란 포식자 역시 이 능력을 발달시킬 수 있다고 보는 것이 논리적일 것이다.

매우 다변화된 이 감각 능력과 단순하지만 강력하게 효과적인 신체 유형 덕분에 메기, 특히 웰스메기는 지구에서 가장 성공한 동물이 되었다. 웰스메기는 유럽에 서식하는 어종 중에서 크기는 가장 크지만 개체수는 적다. 한편 미국에서 메깃과는 정말 많은 종으로 분화되었고, 진화적으로 36개 과에 약 3천 종이 있는 것으로 추산된다. 메깃과는 현대의 가장 성공한 진화 사례라고 할 수 있다.

웰스메기는 보기와 달리, 무시무시한 포식자다.

Chapter 7

세상을
돌아다니는 물고기

알다시피 물고기의 서식지는 물속으로 제한되어 있다(하지만 해수가 지구의 71%를 덮고 있기 때문에 큰 제한은 되지 않는다). 그러나 가장 고립된 것 같은 종도 전 세계를 향해 놀라운 여행과 모험을 떠날 수 있다. 그 이유는 다양한데, 사람의 도움을 받는 경우도 있고, 자진하여 장기간 이주를 떠나기도 한다. 제7장에서는 자기 서식지에서 멀리, 전혀 예상치 못한 곳으로 가서, 가장 놀라운 여행을 한 적이 있는 아주 친숙한 물고기들을 만나 매혹적인 이야기를 들어보자.

45

브라운송어

{Salmo trutta}

일반명

바다송어, 샐먼송어

몸길이

최대 1.4m

서식지

민물에서 바다로 회유

눈에 띄는 특징

색깔 변화

개성

탐험가

좋아하는 것

낚시꾼 실망시키기

특별한 기술

변태

보존 상태

관심 대상

브라운송어는 지구상에서 가장 널리 분포하는 민물고기로, 오스트레일리아부터 포클랜드 제도까지, 캐나다부터 태즈메이니아까지 대단히 광범위한 구역에서 발견된다. 그만큼 브라운송어의 내부에는 지구상의 척추동물에 존재하는 다양한 유전자 물질이 가장 많이 농축되어 있다. 비록 사람의 도움을 받긴 했어도, 브라운송어는 어디에서든 기회를 찾아 살아가도록 설계되었다.

브라운송어는 자연 발생적인 서식지 자체가 이미 상당히 넓어서, 아이슬란드부터 북아프리카의 아틀라스산맥에 이르는 강에서 토종으로 발견된다. 그러나 그 마음 깊은 곳(그리고 DNA)에는 여행과 유랑을 가고 싶은 마음이 담겨 있다. 이 작은 민물고기가 어떻게 그렇게 많이 돌아다닐까? 이 질문에 대한 대답은 바다송어(*Salmo trutta trutta*)에서 찾을 수 있다. 브라운송어와 바다송어는 본질적으로 같은 종이다(우리는 브라운송어에 대해서도 다 알지 못하지만, 바다송어에 대해서는 모르는 것이 더 많다).

변신하는 개척자

연어와 마찬가지로 브라운송어 무리(또는 개체)는 어느 날 회유 임무에 착수할 것이고 그 과정에서 바다송어가 될 것이다. 그 계기가 무엇인지에 대해서는 아직 미스터리다. 일부 전문가의 주장에 따르면 대부분 암컷이 (바다의 불가사의한 것을 먹고 더 빨리 자라고 알을 더 많이 낳기 위해) 탈바꿈하는 것이라고 하지만, 입증되지는 않았다. 이들은 일정 시간이 지나면 번식을 위해 다시 한번 고향의 강으로 돌아온다. 이들은 바다에 도착해서 연어처럼 멀리까지는 가지 않을 수도 있다. 일부는 그냥 강어귀에 머무르는데 이들을 '게으름뱅이송어'(slob trout[*Salvelinus fontinalis*], 나의 이상적인 물고기!)라고 한다. 한편 고향 강으로 돌아오지 않는 송어도 있을 수 있다. 과학자들은 많은 바다송어가 개척자가 되어 새로운 강에서 새로운 기회를 찾아 여행할 수 있음을 알아냈다.

> 브라운송어는 지구상에서 가장 널리 분포하는 민물고기이다.

기본적으로 일단 바다송어가 내륙을 여행하다가 먹이가 가득하고 경쟁자는 많지 않은 새로운 호수나 강, 시내를 찾으면, 다시 브라운송어가 되어 그곳에 남는다. 이것이 새로운 영역을 아주 쉽게 정복하는 이들의 방법이다. 일이 잘 풀리지 않으면 이들은 다시 바다송어로 바뀌어 더 나은 환경으로 떠날 수 있다. 이런 놀라운 유전적 성향은 본질적으로 어떤 상황에 처하든 빠져나갈 수 있는 '탈옥' 카드이므로, 브라운송어가 이렇게 널리 퍼진 것은 당연하다.

종 안의 종

최근 연구 조사 결과, 하나의 호수에 서식하는 브라운송어 단일 개체군 안에도 훨씬 놀라운 다양성이 존재한다는 것이 밝혀졌다. 어류학자들은 또 다른 송어 종인 '북극곤들매기(*Salvelinus alpinus*)'를 찾으러 스코틀랜드의 큰 호수에 갔다. 이곳에서는 물고기 포획의 가능성을 높이기 위해 여러 깊이의 장소에 대형 어망을 늘어뜨렸다. 그런데 전혀 기대하지 않았던 것이 잡혔다. 곤들매기는 하나도 보지 못했고 대신에 '네 유형'의 브라운송어가 잡혔는데, 모두 한 호수 내에서 서로 섞이지 않고 독자적인 영역에서 살고 있었다.

첫 번째 유형은 호숫가에 사는 수면피더(수면에서 먹이를 찾는 물고기—역주)였고, 두 번째는 얼지 않는 수역에 살던 수면피더였다. 세 번째가 정말 놀라웠는데, 심층피더(강 깊은 곳에서 먹이를 찾는 물고기—역주)였다. 그리고 네 번째는 가장 괴물 같았던 페록스송어(*Salmo ferox*, 여기에서 내가 그린 그림이다)였다. 틀에 박히지 않은 이 괴물들은 파이크처럼 행동하면서 동족을 잡아먹는다. 하지만 이들은 스코틀랜드의 한 호수에서 서로 생태 균형을 이루면서 서식했다. 모두 자기 영역 내에서만 먹이를 먹고 서로 마주치는 일은 거의 없었다. 이는 지역적 진화를 관찰하여 드러난 사실들 가운데 대단히 놀라운 것이다. 찰스 다윈은 자신이 주장한 자연선택설의 가장 좋은 예가 어렸을 때 보트 낚시를 했던 호수의 물속에서 일어나고 있었음을 알지 못했다. 그의 영혼을 위로하자면, 이 네 유형의 송어가 발견된 것은 2009년의 일로, 다윈 당시에는 없었던 현대 기술을 사용해서 거둔 성과였다.

그러나 이 복잡한 진화의 비결이 세계 어디에서나 가능했던 것은 아니다. 이 물고기들은 북반구가 원산지인 반면, 포클랜드 제도에 개체군이 자리 잡는 것은 바다송어에게조차 가능성이 희박한 모험일 것이다.

> 브라운송어의
> 수명은
> 약 20년이다.

송어의 동반자

현재 전 세계에 걸친 브라운송어의 서식 범위를 설명하려면 이렇게 되기까지 인간이 그들을 엄청나게 도왔다는 것을 말할 수밖에 없다. 서구가 다른 대륙을 침략하고 식민지로 만들면서 세계 대부분 지역을 제국의 영토로 만들 때, 고국의 안락한 생활방식은 식민지로, 심지어 식민지가 변경될 때도 갖고 갔다. 특히 많은 지역에 도입된 것에는 현지 강과 호수에서 친숙한 물고기를 낚시하기 위해 그리고 익숙한 음식을 먹기 위해 들여온 브라운송어도 포함되었다. 브라운송어는 오스트레일리아와 뉴질랜드, 남아프리카공화국, 말라위, 케냐, 포클랜드 제도, 칠레, 아르헨티나, 캐나다, 미국에 도입되었고, 그렇게 세계에서 가장 널리 퍼진 척추동물이 되었다. 많은 면에서 브라운송어는 어류계의 참새 또는 찌르레기다. 그만큼 어디에서나 흔히 볼 수 있다.

사람들이 침입 외래종 때문에 일어날 수 있는 전체적인 결과를 환경 재앙의 관점에서 이해하게 된 것은 대부분의 외래종이 도입되고 한참 후의 일이다. 따라서 브라운송어가 토착종에 어떤 영향을 미쳤는지는 아직 모른다. 그러나 그 영향이 바람직했던 것 같지는 않다. 그 결과는 거의 언제나 현지 동식물에게 비극적이었다고 평가된다. 그리고 브라운송어의 유전자 특성을 생각할 때, 일단 자리를 잡은 이 물고기를 없애기 위해서는 기적이 필요할 것이다.

브라운송어는 약 20년의 수명 기간에 매년 번식하면서 거의 18.6kg(낚싯대로 잡은 현재 세계 기록)까지 자랄 수 있다. 송어 낚시는 사람들이 좋아하는 취미다. 이미 강과 호수에 물고기가 풍부하게 있었으므로 사람들이 브라운송어를 들여온 것은 식량 때문이 아니었다.

그냥 송어 낚시를 좋아하기 때문이었다. 고대 로마의 한 인용문에는 마케도니아 사람들이 220년경부터 '반점 물고기'(일명 송어) 잡기를 좋아했다고 기록되어 있다. 오늘날 세계적으로 수백만 명이 송어 낚시를 하느라 정신이 없다(사실 가정파괴범이라고 할 수 있다). 뿐만 아니라 산업적 가치도 수백만 달러에 달하고 많은 도구와 장비가 출시되어 있어서, 아무리 대단한 낚시광이라도 매번 새로운 도구를 시도해볼 수 있을 정도다.

송어 낚시광들에게 송어 낚시는 소명이나 마찬가지기 때문에, 이들이 송어를 가까운 곳에 두고자 세계 구석구석까지 보낸 것은 별로 놀랍지도 않다.

대부분의 낚시꾼들은
이 장면에 흥분할 것이다.

46

대서양참다랑어

{*Thunnus thynnus*}

일반명
다랑어, 참치

몸길이
최대 3m

서식지
대서양의 중층수

눈에 띄는 특징
온혈

개성
무리를 지어 삶

좋아하는 것
여행

특별한 기술
최고 시속
64km까지 낼 수 있음

보존 상태
멸종 위기

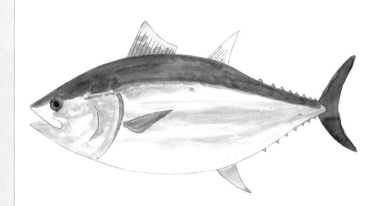

대서양참다랑어는 아마 바다에서 가장 많은 추격을 받는 어류일 것이다. 가장 많이 잡힌다는 것이 아니라 말 그대로 가장 많이 쫓긴다는 뜻이다. 이 어종은 고등엇과 (*Scombridae*)에서 개체수가 가장 많은 거대 포식자다. 대서양참다랑어는 길이 3m, 무게 450kg을 초과하는 정도까지 자랄 수 있다. 매우 사교적이어서 수백 마리가 무리를 짓기도 한다. 그 무리가 대양 수주의 표층과 중층에서 대단히 빠르게 날뛰면서 고등어 떼와 청어 떼를 뒤쫓고 오징어와 게까지 먹는 한편, 범고래와 빠른 상어, 어선의 추격은 따돌리려고 애쓴다.

다랑어 3종

과거에는 그냥 하나의 종으로 여겨졌지만, 현재 전 세계적으로 세 종의 참다랑어가 인정되고 있다. 대서양참다랑어, 참다랑어(*Thunnus orientalis*), 그리고 남방참다랑어(*Thunnus maccoyii*)인데, 남방참다랑어는 희망봉과 남극 부근의 대양에서만 발견된다. 교배되지 않는 별개의 개체군인 이 세 어종에 대하여 현대의 유전자 표본 추출로 우리가 알 수 있는 것은 형태적 차이점밖에 없다. 대서양종은 대서양 중앙 해령을 기준으로 동쪽과 서쪽에 있는 두 개의 하위 개체군으로 나뉜다. 동대서양참다랑어는 북쪽으로는 노르웨이, 남쪽으로는 모로코 연안까지의 범위에서 발견된다. 이들은 서대서양참다랑어와 먹이를 주고받기도 하지만 번식은 지중해에서 한다.

서대서양참다랑어는 캐나다부터 카리브해까지 북아메리카 해안선을 따라 빠르게 다니는 모습이 보이곤 한다. 과거에 브라질 개체군이 있었지만, 비극적이게도 사람들의 남획으로 거의 40년 동안 보이지 않고 있는 상태다. 서대서양종은 동대서양종과 만 킬로미터 이상 떨어진 멕시코만에서 번식한다.

고속 경주용 자동차처럼 대서양참다랑어의 등에는 특화된 부속 기관이 있다. 등에 밝은 노란색의 날카로운 미늘이 8~10개 정도 있고, 안으로 접어 넣을 수 있는 등지느러미는 원하는 이동 속도에 따라 올리거나 내릴 수 있다(최대 시속 64km까지 낼 수 있다). 이렇게 빠른 속도를 낼 수 있는 이유는 첫째, 형태가 로켓 모양의 유선형이고, 상부가 무거워 납작한 칼처럼 생긴 꼬리를 이용하여 앞으로 전진할 때 무거운 해수의 저항력을 낮춰주기 때문이다. 두 번째, 대부분의 다른 어류들이 변온(또는 냉혈) 동물인 것과 달리 대서양참다랑어는 온혈 동물

고속 경주용 자동차와 마찬가지로 대서양참다랑어는 유선형으로 날씬하다.

이다. 이는 자체적으로 폭발적인 에너지를 생성하면서 빠르게 움직일 수 있다는 뜻이다. 잘 먹고 기운만 좋다면, 주변의 어느 동물보다도 빠르게 움직일 수 있다. 특히 위협을 받거나 잡힐 위험이 있을 때는 정말 빠르다. 참다랑어는 고속 자동차 추격전을 벌이는 경찰들처럼, 작은 물고기 무리로 빠르게 다가가서 잡아먹을 수 있다.

참다랑어의 사교성은 큰 약점 중의 하나다.

눈다랑어와 가다랑어

다랑어속(Thunnus)에는 참다랑어 3종 외에 다섯 종의 다랑어가 더 있다. 그 영어 이름은 기억하기 쉽고 주요 특징이 영어 이름에서 잘 드러나 있다. 참다랑어(bluefins)는 실제로 지느러미가 파란색이다. 황다랑어(yellowfin tuna, *Thunnus albacares*)는 지느러미가 노란색이며, 눈다랑어(bigeye tuna, *Thunnus obesus*)는 눈이 크다. 검정지느러미다랑어(blackfin tuna, *Thunnus atlanticus*)는 몸의 상부가 검은색이고, 백다랑어(longtail tuna, *Thunnus tonggol*)는 비율상 앞지느러미가 작아서 꼬리가 더 길어 보인다. 마지막으로 날개다랑어(albacore, *Thunnus alalunga*)의 'albacore'는 포르투갈 이름인데, 번역하면 '다랑어'란 뜻으로 같은 과의 다랑어들 중에서 가장 작다.

이들 모두는 인간과의 관계에서 한 가지 공통점이 있다. 바로 우리가 좋아하는 음식 가운데 하나라는 것이다. 퓨 자선기금(pew.org)에 따르면, 다랑어속의 상업적 가치는 소비자에게 미화 약 416억 달러인 것으로 추산된다고 한다. 이는 상당한 금액이다. 무게로 따지면 큰 다랑어 한 마리는 금보다도 비싸다. 큰 참다랑어의 경우 무게가 450kg 이상이다. 2019년 1월에 278kg 한 마리가 일본의 한 거물에게 미화 310만 달러에 판매되었다. 사람들이 다랑어에 그렇게 집착하는 것도 당연하다.

다랑어 목장

대서양참다랑어에 대한 이런 집착으로 인해 일부 기업은 '사육'을 시작하게 되었다. 물고기를 어떻게 사육하지? 라는 질문이 생길지 모르겠다. 다랑어를 사육하는 기업들은 어린 참다랑어를 잡아서 큰 배의 뒤에 매단 거대한 어망에 넣는다. 그리고 어망이 매달린 배를 몰고 지중해를 돌아다니면서 어망 안의 다랑어에게 먹이를 주고 붉은 혈액을 풍부하게 유지하기 위해 운동도 충분히 시킨다. 어망은 점보제트기가 들어갈 정도로 크기 때문에, 이 어망을 계속 움직이게 하는 것은 상당히 힘든 일이다. 하지만 다랑어를 잡기까지 1~2년 동안 내내 이 일을 해낸다. 수확할 때가 되면 참다랑어를 차례로 선상에 끌어올린 뒤, 죽여서 바로 냉동시킨 후, 일본으로 보낸다(물론 억만장자들이 그 엄청난 돈을 지불할 수 있어야 한다).

이런 상업적 개발로 적어도 야생 참다랑어 포획의 압박은 줄일 수 있지만, 이것은 까다로운 고비용 사업이다. 어망이 찢어져서 물고기가 모두 빠져나가면 어떻게 하지? 그래서 숙달된 잠수부들을 고용하여 물속의 어망을 계속 점검해야 한다. 또 다른 문제는 어장에 착취가 따른다는 것이다. 많은 보고서에 따르면 이런 어장에서 나오는 참다랑어 수가 합법적으로 양식된 수보다 더 많다고 한다. 이렇게 초과되는 물고기가 나올 수 있는 곳은 야생밖에 없다.

그러나 나쁜 소식만 있는 것은 아니다. 대서양참치보존위원회(ICAAT, International Commission for the Conservation of Atlantic Tuna)는 대서양참다랑어와 검정지느러미다랑어 개체군을 보호하기 위한 지침을 마련했고, 이에 따라 포획 할당량을 줄이고 다랑어가 성숙하기 전에 참치회가 될 위험 없이 번식하고 먹이를 먹고 빠르게 헤엄칠 수 있게 하였다. 다랑어가 성숙하기까지 10년이 걸린다는 것을 고려했을 때, 다행히 이 보호 조치를 시행하고 첫 5년 내에 개체군이 크게 증가했다. 다랑어 자원과 산업에 대한 적절한 규제가 계속된다면, 이들이 번성할 가능성은 충분하다.

47

금붕어

{*Carassius auratus*}

일반명
황금잉어(golden carp)

몸길이
최대 48cm

서식지
강

눈에 띄는 특징
모든 모양과 색깔

개성
높은 지능

좋아하는 것
먹기

특별한 기술
기억력이 좋음

보존 상태
관심 대상

세 계적으로 애완용으로 키우는 금붕어가 얼마나 많은지 알 수는 없지만, 금붕어가 적어도 북반구에 사는 대부분의 사람들이 가장 잘 알아볼 수 있는 물고기인 것은 분명하다. 박람회장부터 정원용 연못에 이르기까지 작은 보석 같은 주황색의 금붕어는 가장 인기 있는 수족관 물고기다. 이들의 이야기는 천 년도 훨씬 전에 중국에서 시작되었다.

물론 원래는 음식에 대한 이야기였다. 금붕어의 원산지인 중국 사람들은 수천 년 동안 잉엇과의 물고기들을 연못에 보관했다가 식재료로 사용했다. 그 중에서 우연히 기이하게 변형된 색상의 물고기가 태어나는 일이 종종 있었는데, 칙칙한 자연 갈색의 부모에게서 빨간색이나 금색, 주황색의 새끼들이 태어난 것이다.

그 후 식재료 판매용 잉어 양어장이 만들어졌고, 이 신기한 색상의 잉어를 본 고대 중국인들은 이것을 먹는 대신에 애완용으로 키우게 되었다. 애완용 금붕어가 처음 알려진 것은 진나라(256~460년) 때였다. 금붕어 키우기는 널리 퍼졌고 당나라(618~907) 후기에는 집이나 마을에 중요한 손님이 오면, '금색'이 가장 짙은 물고기를 작은 그릇에 넣어 가장 눈에 잘 띄는 곳에 두고 손님에게 보여줄 정도였다. 본질적으로 우리가 아는 애완용 금붕어가 이미 당시에도 존재했던 것이다.

하지만 송나라(960~1279) 때인 1172년에 오황후는 황제 외의 다른 사람은 노란색 금붕어를 키우지 못하게 했다. 노란색은 황제의 색깔이었기 때문이다. 이 물고기가 황족 소관이 되자, 유행이 되는 것은 당연했다. 그렇게 금붕어 역사에서 세계화 단계가 시작되었다. 1611년에 포르투갈에 소개되었고(당시 포르투갈인은 유럽인들 중에서 신비로운 동양과 가장 긴밀한 관계였다), 그곳에서부터 유럽 전역으로 퍼져 나갔다. 미국에는 1850년경에 상륙하여 다른 모든 곳에서와 마찬가지로 금세 인기를 끌게 되었다.

> 노란색은 황제의 색깔이라고 여겨졌기 때문에 황제를 제외한 다른 사람은 노란색 금붕어를 키울 수 없었다.

박람회장의 인기거리

금붕어의 인기는 오늘날에도 여전하며, 대부분의 다른 가축이나 애완동물과 마찬가지로 사람들은 금붕어의 유전적 특징에 간섭하기 시작했다. 현대의 금붕어는 원래의 붕어를 유전적으로 변형시킨 것이며, 그 모양과 특징, 색깔에 따라 선택적으로 개량된다.

바로 알아볼 수 있는 단일종 대신에 이제는 부채 모양의 꼬리, 동그랗게 돌출한 눈, 사자머리 등의 특징을 가진 금붕어가 나왔고 일반적으로 애완동물 상인이나 공급업체를 통해 구입할 수 있다. 색깔과 패턴은 검은색, 주황색, 밝은 빨간색, 얼룩덜룩한 것, 점선이 있는 것, 심지어 진주비늘이 있는 것 등 다양하다. 일부는 치와와의 원형이 늑대인 것처럼 원래 금붕어와 많이 다른 것도 있다(그리고 치와와와 마찬가지로 금붕어 변종 대부분은 야생에서는 하룻밤도 견디지 못할 것이다). 사람들은 이렇게 사람이 만든 기이한 변종을 수집하고, 얻으려 하며, 때로는 상당한 금액에 사고판다. 사람들은 신기한 것일수록 더 원하고 집에 있는 어항에 넣고 싶어 하는 것 같다.

금붕어가 세계적으로 우위를 차지하게 되었다는 것은 예상치 못한 곳에서 보게 되는 일이 종종 있다는 뜻이기도 하다. 그리고 전 세계 연못과 호수에 들여지면서 때로는 정말 괴물로 자라기도 한다. 일부 변종은 분명 야생에서 살아남을 수 있을 것이다.

역대로 가장 큰 금붕어는 낚시꾼들 사이에서 논란의 여지가 있긴 하지만, 9kg 이상이었다는 기록이 몇 건 있다. 금붕어가 잉어의 한 종이라는 점을 기억한다면 별로 놀랄 일도 아니다. 이중 다수는 종종 낚시로 잡은 것이다. 물론 (중국 밖에서)더 일반적이고 더 자연스러운 종은 색깔이 덜 화려하다. 이 자연종과 비단잉어를 혼동해서는 안 된다. 비단잉어(니시키코이, 일본에서 관상용으로 개량된 잉어)는 별도의 종인 잉어에서 파생된 일본의 특별종이다.

금붕어가 세계를 정복할 수 있었던 것은 금붕어의 색깔 때문만이 아니다. 뛰어난 적응력과 대담함, 가리지 않고 거의 모든 것을 먹는 보편적인 먹이 습관도 한몫했다. 애완용 금붕어에 대한 가장 큰 위협은 먹이를 너무 많이 먹는다는 것이다. 금붕어는 다른 많은 어종과 마찬가지로 배가 찼을 때를 알지 못하고 먹이가 있으면 계속 먹는다. 확인하지 않고 놔두면 장기부전이 될 때까지 먹는 일도 종종 있다. 사실 야생에서는 너무 많이 먹는 것이 거

> 오히려 금붕어는 얼굴 인식 훈련을 받을 수 있을 정도로 기억력이 좋다.

의 문제가 되지 않는다. 다음 먹이가 어디에서 언제 생길지 모르기 때문에 먹이가 있을 때 최대한 먹어두는 것이 생존을 위해 합리적이기 때문이다. 하지만 애완용으로 키워질 때에는 이 본능 때문에 배가 찼는데도 계속 먹게 된다.

잊지 말자

그러나 금붕어의 기억력이 5초밖에 못 간다는 말은 헛소리다. 실제 어항에서 살면 계속 맴돌며 헤엄쳐야 하기 때문에 금붕어가 화가 났을 수도 있지만, 기억력에 관해서 사실은 그 반대다. 오히려 금붕어는 기억력이 좋다. 얼굴 인식 훈련을 받을 수도 있고, 일반적으로 속임수를 기억할 수 있다고 하는 다른 동

물보다 훨씬 영리하다. 전통적으로 금붕어를 키우는 둥글고 작은 유리 어항은 이 활동적인 어종에게 영구적인 서식지라기보다는 전시를 위한 임시 수조였다.

우리는 이 화려한 물고기가 수천 년 전 중국의 시골에 있는 연못에서부터 시작되어 세계를 정복하게 되었으며 결국 그 일을 멋지게 해냈다는 것을 이제 알 수 있다.

현재 모든 종류의 형태와 색깔, 크기의 교배종을 구할 수 있다.

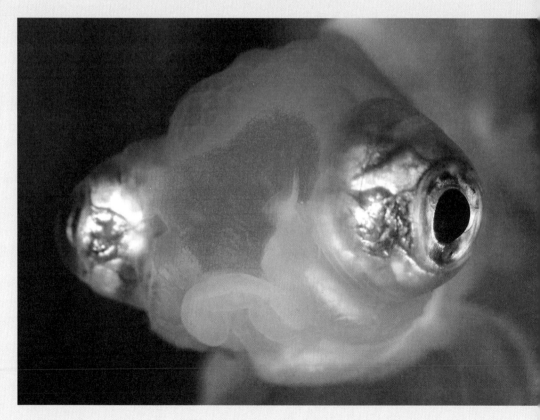

48

정어리

{Sardina pilchardus}

일반명
유럽정어리
(european pilchard)

몸길이
약 20cm

서식지
전 세계

눈에 띄는 특징
길고 홀쭉함

개성
사교적

좋아하는 것
동물성 플랑크톤,
식물성 플랑크톤

특별한 기술
거대한 무리를 지음

보존 상태
관심 대상

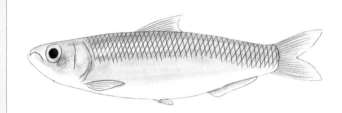

정 어리는 세계적으로 수가 대단히 많고 정말 중요한 물고기다. 아주 많은 먹이 사슬에서 중요한 역할을 해서 정어리로서는 혼자 사는 것이 더 낫다고 생각될 정도다. 하지만 이는 정어리의 타고난 사교성에는 반하는 것이다.

친숙한 이름, 정어리

'정어리(sardine)'라는 이름은 친숙하지만 오해의 소지가 있다. 이 이름은 지구상에서 가장 큰 동물 집단의 일부를 형성하는 작고 떼 지어 다니는 바닷물고기들을 보다 일반적으로 가리키는 명칭이기 때문이다. 무리를 짓는 것이 20cm보다 크지 않은 물고기군에게는 나쁘지 않다. 남아프리카공화국 희망봉 앞의 폭풍우 치는 바다부터 햇살이 눈부시게 반짝이는 지중해의 파도까지, 소위 '정어리'는 많은 모습으로 나타난다. 지금부터 거기에 대해 알아보자.

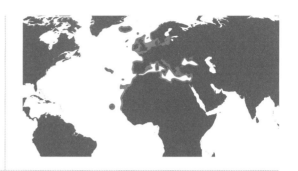

그 이름은 상당히
오래되었고 작은 은색
물고기 대부분을 가리킬 때
거의 사용된다.

내가 그린 정어리 그림은 유럽정어리와 같은 것이다. 유럽정어리는 정어리라는 이름 아래 그 수가 가장 많고 상업적으로 널리 이용되는 종이다. 소위 '정어리'라는 작은 물고기는 안초비와 다른데, 안초비는 멸칫과(Engraulidae)에 들어가는 약 140종을 통칭하는 포괄적인 이름이다. 안초비는 대개 정어리와 같은 장소에 서식하지만, 약 1억 년 전에 염분이 적은 정어리와 계보가 분리되었다.

정어리(sardine)라는 명칭이 들어간 속명은 *Sardinops*와 *Sardina*, *Sardinella*의 세 개가 있다. 또한 정어리라고 불리는 유사한 물고기는 일본부터 남아메리카까지, 캘리포니아를 거쳐 남아프리카에 이르는 전 세계 대양에 분포한다. 같은 과에 속하는 물고기들의 한 가지 공통점은 14~20℃의 시원한 물을 좋아한다는 것이며, 따라서 대부분 온대 지역에서 발견된다.

'sardine'이라는 이름의 어원은 이 물고기가 일반적으로 잡힌 이탈리아의 사르데냐섬에서 유래한다. 한편 이 물고기의 붉은 살이 유럽에서 채광되는 붉은 보석인 사드(sard)와 닮아서 붙여진 이름이라고 말하는 사람들도 있다. 어느 쪽 설명이든 그 이름은 상당히 오래되었고 작은 은색 물고기 대부분을 가리킬 때 거의 무조건 사용된다. 적어도 이들은 모두 생김새가 비슷하고 관련이 있는 동족이다. UN의 식량농업기구도 21종의 물고기를 이 이름으로 인정한다.

먹이사슬에서 식탁에 오르기까지

생김새는 하찮아 보여도 정어리는 여러 가지 이유 때문에 우리에게 중요하다. 귀한 음식을 대량으로 제공해주며, 영양 면에서도 단백질과 비타민, 미네랄, 오메가3 지방산이 풍부하다. 하지만 무엇보다도 정어리는 바다 먹이사슬에서 절대적

으로 필요한데, 필수 영양소를 먹고 에너지 가득한 작은 물고기로 변하기 때문이다. 또한 인간 사회에서 문화적으로나 상업적으로 엄청난 역할을 한다. 정어리기름은 페인트와 바니시, 엔진 오일에도 들어간다. 전체적으로 정어리는 인간 생활에 상당히 긍정적인 영향을 미친다고 볼 수 있다. 하지만 실제로 우리에게 유익한 많은 것이 그렇듯이, 우리는 그 중요성을 너무 늦게 깨닫는 경향이 있다.

존 스타인벡(John Steinbeck)의 책으로 유명해진 캘리포니아주의 몬테레이만에 있는 '캐너리 로'(『Cannery Row[통조림공장 골목]』, 1945)는 정어리 통조림을 만든다는 하나의 목적을 위해 수천 명을 고용할 정도로 번성했던 지역이다. 캘리포니아 앞바다에 서식하는 정어리 개체수는 수십억 마리인 것으로 평가될 수 있었다. 패럴론 해구와 몬테레이 해곡의 깊은 곳에서 올라오는 용승(바다에서 아래에 있던 비교적 차가운 해수가 표층 해수를 제치고 올라오는 현상—역주)으로 올라온 저층 해수는 차갑고 영양이 풍부해서 거대한 떼를 이루어 먹이를 찾아다니는 이 작은 물고기들에게 더할 나위 없이 좋았다. 1950년대 캐너리 로에서는 매년 수백만 톤의 정어리를 가공 처리하는 거대한 통조림 산업이 번성했다. 하나의 집합 생산라인에서 어마어마한 양의 정어리 통조림이 생산되었고, 많은 사람이 고용되었다. 거기에서 발생하는 쓰레기와 냄새도 엄청났다.

이 중대한 산업 덕분에 몬테레이는 세계에서 가장 활동적인 어항으로 이름을 떨쳤지만, 이후 점점 쇠퇴했다. 다른 모든 공장이 폐쇄된 후로도 끝까지 버티던 마지막 공장이 2010년 4월 15일 마침내 문을 닫았고, 그렇게 통조림 가공업의 시대는 막을 내렸다. 캘리포니아에는 가공하여 포장할 정어리가 더 이상 없었다. 실업자들은 돈이 떨어지고 찬장은 비었다. 이 사례는 사람들이 탐욕을 부린 결과라는 교훈을 주었고, 현재 정어리는 법으로 보호되고 있다. 제대로 관리된다면, 다시 돌아올 수도 있을 것이다. 정어리는 강인하고 회복력이

정어리는 지구상에서 가장 치밀한 물고기 떼를 형성한다.

강한 어종이기 때문이다.

정어리의 귀환

세계 어업에서 유명한 대사건(사실 가장 위대한 자연의 사건) 가운데 하나는 남아
프리카공화국 해안에서 멀어지는 정어리 떼다. 5월에서 7월까지 어부들 사이
에서 정기적으로 터져 나오는 고함소리가 있다. '저기 온다!' 남아프리카공화
국에서 모잠비크를 향해 북쪽으로 흐르는 아굴라스 해류는 정어리(Sardinops
sagax) 떼가 한꺼번에 북쪽으로 이동하기 시작하면 정어리가 너무 많아 검은색
으로 변한다. 단일 종이 모인 이 정어리 떼의 크기는 길이가 7km를 넘고 폭은
1.5km, 깊이는 30m나 된다. 얼마나 큰지 우주에서도 보일 정도다. 1m²에 정
어리 약 25마리가 들어갈 수 있는데, 계산하면 최대 84억 3,750만 마리가 있을
수 있다는 뜻이다.

이 거대한 정어리 떼는 산란을 위해 해안을 따라 더반을 향해 번식지로 이
동한다. 정어리들이 떼를 이루기 위해서는 조건이 완벽하게 맞아야 한다. 매년
남쪽에서 올라오던 차가운 벵겔라 해류는 동쪽으로 밀고 올라가 아프리카 동
부 해안을 따라 내려오는 따뜻한 아굴라 해류를 만난다. 그 결과 차가운 해수
는 아래에서 흐르기 때문에 정어리는 일 년 중 이 시기에만 영양이 풍부한 수
역에 있는 많은 먹잇감에 다가갈 수 있다.

매년 발생하는 이 대사건이 정확하게 언제 일어나는지는 아직 예측할 수 없
다. 기록을 갱신할 정도로 정어리 떼가 큰 해가 있는가 하면, 대사건이 거의 일
어나지 않는 해도 있다. 예를 들어 2020년은 대단했지만 2018년은 그다지 좋
지 않았다. 이 놀라운 대사건을 보기 위해 관광객이 몰려오고 가장 잘 볼 수 있
는 자리를 찾으려면 전화 상담을 해야 한다. 또한 케이프 가넷(남아프리카공화국
남쪽의 버드아일랜드에 서식하는 조류—역주)을 필두로 큰돌고래와 스피너돌고래 등
의 돌고래, 희귀한 더스키상어, 갈색물개, 거대한 브라이드고래 등 놀라운 포식
자들이 이 정어리 떼를 쫓아간다. 어떤 포식자도 이 노다지 같은 정어리 떼를
놓치고 싶어 하지 않는다. 특히 바다를 검은색 수프로 만든 수십억 마리의 물
고기가 차갑고 깊은 바닷속으로 들어가서 갑자기 사라질 수 있기 때문에 경계
의 눈을 조금도 늦추지 않는다.

49

유럽뱀장어

{*Anguilla anguilla*}

일반명
새끼 뱀장어,
황뱀장어, 은뱀장어

몸길이
수컷 35cm, 암컷 50cm

서식지
사르가소해로
흘러가는 강

눈에 띄는 특징
뱀처럼 생긴 몸

개성
돌아다님

좋아하는 것
신비한 존재로 있는 것

특별한 기술
자가 변형

보존 상태
심각한 멸종 위기

박물학자들이 오랫동안 풀지 못했던 미스터리 중 하나는 뱀장어의 고향인 강에 새끼 뱀장어가 없다는 것이었다. 다 자란 뱀장어만 보이는 것 같았기 때문에, 학자들은 이들의 번식 방법을 궁금해 했다. '새끼 뱀장어'와 '은뱀장어'라고 하는 다른 종류의 뱀장어들은 어떤가? 이들은 어떻게 적응했는가? 사실 이 신비한 동물들은 뱀장어의 생애 주기 중 여러 단계들을 가리키는 명칭이다. 나비의 놀라운 변태처럼 이들의 변형 이야기에 대해 알아보자.

1758년에 학명 '*Anguilla anguilla*'를 처음으로 기술한 사람은 분류학의 아버지인 린네였다. 그리고 1912년이 되어서야 덴마크의 박물학자인 요하네스 슈미트(Johannes Schmidt)

는 사르가소해를 중심으로 유럽뱀장어의 번식 장소를 찾기 위한 노력을 해야 한다고 주장했다. 사르가소해는 거의 신화에 나올 법한 거대한 바다지만 유럽에서 멀리 떨어진 대서양 남서부에 있다. 또 카스피해나 흑해와 달리 국경이 없는 바다로, 아주 이상한 곳이다. 완전히 대서양 안쪽에 자리하며, 환경 조건이 흠 잡을 데가 없다. 사라가소해는 바닷물이 진한 파란빛으로 투명하며, 모자반(Sargassum seaweed)이 풍부한 것으로 유명하다. 사라가소라는 이름이 바로 이 해초에서 유래한다. 하지만 지금은 안타깝게도 북대서양 쓰레기섬의 본거지다.

여행과 변형

성숙한 뱀장어가 스칸디나비아부터 영국, 터키에 이르는 유럽의 강과 수로를 떠나 수천 킬로미터의 대양을 건너는 것은 서로 모여서 번식을 하기 위해서다. 암컷은 최대 천만 개의 알을 낳을 수 있으며, 알을 낳은 후에는 그 알을 (물론 최소한의) 변덕스러운 해류에 떠다니게 그냥 둔다. 성어는 산란을 한 후에는 죽을 가능성이 높다. 지금까지 성어가 원래 강으로 돌아왔다는 기록은 없었다.

일단 부화되면, 생애 주기의 첫 번째 단계는 유생 또는 엽형 유생이다. 납작한 아메바처럼 생긴 이 치어는 이빨이 있고 나뭇잎처럼 보인다. 유생은 떠다니면서 다양한 유기 퇴적물을 먹고, 약 1년 정도를 이 형태로 표류하면서 점차 유럽에 가까워진다. 이들은 자라면서 우리가 아는 투명한 '새끼 뱀장어'로 바뀐다. 투명한 몸은 바다에서 훌륭한 위장 수단이다. 이제 유럽에 도착한 이들은 생존의 두 번째 단계인 민물 생활을 시작하려고 한다. 해안에 가까워짐에 따라 작은 뱀장어는 색소를 얻은 새끼 뱀장어(엘비)가 되어 강어귀와 강 하구를 향해

사르가소해는
국경이 없는
바다로, 아주
이상한 곳이다.

가서 상류로 향한 여행을 시작한다. 엘버는 둑이나 작은 댐 같은 장애물을 잘 타고 넘어갈 수 있고, 포식자를 피하기 위해 수백 마리씩 밤에 넘어가는 일도 자주 있다. 그렇게 하지 않으면 공격을 받기 쉽기 때문이다. 일단 새로운 민물 세계에 정착을 한 뒤에는 다시 변형을 하는데, 이번에는 '황뱀장어'로 바뀐다. 이렇게 불리는 이유는 몸의 아랫면(배)이 엷은 노란빛을 띠기 때문이다. 황뱀장어는 우리에게 가장 친숙한 형태다.

황뱀장어는 새로운 서식지에서 6~20년을 지낸다. 그동안 먹이를 먹고 자라면서, 몸은 더 길고 두꺼워지며, 검은색과 노란색이 짙어진다. 그러던 어느 날다시 여행을 가고 싶은 욕구가 든다. 바로 '은뱀장어'로 마지막 변형을 하는 순간이다. 이들은 은색 몸에 배만 하얀 형태로 바뀔 뿐만 아니라 눈도 커지고, 내장은 줄어들며, 피부는 두꺼워지고, 지느러미는 커져서 헤엄을 더 잘 칠 수 있게 된다. 은뱀장어는 거의 하룻밤 사이에 강에서 사라진다. 다시 밤에 여행을떠나 넓디넓은 바다로 향하는 것이다. 이들은 내재된 전자기에 의한 '육감'을이용하여 국경이 없는 바다, 사르가소해로 향하는 여행을 한다. 그리고 남대서양의 태양 아래에서 유럽 전역에서 온 수많은 뱀장어들을 만나서 서로 섞이고산란을 한다.

이 복잡하고 광범위한 생애 주기는 수천 년 동안 잘 작동했지만, 긴 주기와 바다라는 광활한 규모는 일이 잘못되기 시작할 때는 약점이 되기도 한다. 현재 국제자연보존연맹(IUCN)은 유럽뱀장어가 심각한 멸종 위기 상태라고 판단하고 있다. 개체수가 90~98%나 감소했기 때문이다. 이는 재앙에 가까운 몰락 수준이다. 그 원인 중 하나는 수력 발전을 위한 거대한 댐 건설이다. 댐 때문에 유럽뱀장어가 접근하기 힘든 강이 많아졌다. 또한 이렇게 거대한 구조물에는 문자 그대로 뱀장어를 토막 내어 죽일 수 있는 터빈 형태의 치명적인 장애물이 있다. 또 다른 원인인 남획 역시 개체수에 막대한 악영향을 끼쳤다. 식용을 위해 성어를 잡는 것뿐만 아니라 비료나 다른 일상적인 용도를 위해 새끼 뱀장어까지 잡아 버렸기 때문이다.

뱀장어 양식은
성장하는
신종 산업이다.

유럽뱀장어는
50년 동안
살 수 있고,
사로잡힌
상태에서는 더
오래 산다.

플라스틱으로 소용돌이치는 바다

그 다음 문제는 바다 오염이다. 북대서양 쓰레기섬(버려진 산업용 및 가정용 플라스틱 폐기물이 모인 거대한 뗏목)이 사르가소해에 표류하면서 빛이 차단되고 수온이 변화했다. 이로 인해 뱀장어는 물론 거북이 같은 다른 동물까지 위험에 처하고 번식하지 못하게 되는 구역이 많이 생기고 있다. 또한 뱀장어는 미세플라스틱에 아주 민감하여 이로 인해 죽기도 하고 이것이 위장에 차서 제대로 먹지 못하기도 한다. 심지어 부지불식간에 퍼지는 PCB(폴리염화비페닐-다이옥신)와 악명 높은 DDT처럼 치명적인 화학물질 때문에 죽기도 한다.

  환경보호주의자와 어업계, 대중 모두 환경의 상징적인 어종인 뱀장어의 개체수 감소에 대해 심각하게 우려하고 있다. 국제뱀장어보호단체(Sustainable Eel Group)는 뱀장어를 구하기 위해 설립된 기구다. 뱀장어 양식은 성장하는 신종 산업이지만, 이 복잡한 어종의 성공적인 번식에 필요한 모든 조건을 그대로 재현하는 것은 힘든 일이다. 한 연구에서는 뱀장어 성어가 바다로 이동하는 것처럼 느끼게 하기 위해 수영 기계장치에 넣기까지 했다. 그럼에도, 우리는 유럽뱀장어에게 가했던 피해를 바로잡기 위해 지속가능한 접근 방식을 이제 막 찾기 시작했을 뿐이다. 그것은 생애 주기가 아주 매력적인 유럽뱀장어를 위해 우리가 할 수 있는 최소한의 조치다.

50

청틸라피아

{Oreochromis aureus}

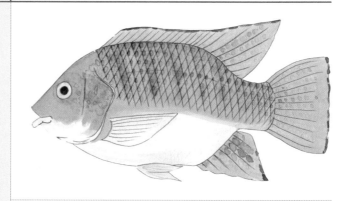

일반명
푸른 커퍼,
요단강 '성 베드로의
물고기'

몸길이
13~20cm

서식지
광범위한 시내,
강, 호수, 연못

눈에 띄는 특징
넓은 등지느러미

개성
침략적

좋아하는 것
새끼를 입에
넣고 보호함

특별한 기술
고온과 저온을
견딜 수 있음

보존 상태
관심 대상

전 세계 거의 어디에서나 먹어본 적 있다고 말할 수 있는 물고기는 거의 없다. 하지만 청틸라피아는 아마 연어 다음으로 가장 많이 양식되는 민물고기이며 다른 어떤 물고기 보다도 식당 메뉴에 많이 등장한다.

실제로 '청틸라피아'라고 해서 모두 청틸라피어는 아니다. 이국적으로 들리는 이 이름은 일반적으로 전 세계에서 양식되어 식품으로 이용되는 시클리드과(Cichlidae)의 많은 어종을 통칭한다. 진짜 청틸라피아는 북서아프리카와 중동이 원산지이고, 홍해를 건너 이스라엘로 넘어왔다. 광범위하고 복잡한 시클리드과에 속하는 많은 어종 중의 하나인 청틸라피아는 거대한 대륙의 수많은 호수와 강에 서식한다. 시클리드과의 시클리드에게는 다른 물고기와 구별되는 독특한 습관이 있다. 특히 틸라피아(100종의 시클리드 대부분을 통칭하며 6개 부족의 공통된 이름)의 그런 특징 중 하나는 새끼를 입안에 품는 습관이다.

호수라는 세계

거대한 아프리카의 호수는 정말 많은 어종이 자기만의 틈새 구역을 개척하느라 정신없이 바쁜 세계다. 그곳에서 일부는 여러 종류의 동식물을 먹는 것이 전문이기도 하고, 다른 물고기의 지느러미나 눈을 먹어서 살아남는 종도 있다. 그렇게 경쟁이 심한 환경에서는 자신의 유전적 계통을 계속 보존하기 위해 먹이를 먹고 어린 새끼를 돌볼 참신한 방법을 찾아내는 것이 효과가 있다. 이를 위해 틸라피아는 어린 새끼를 자기보다 센 포식자에게서 멀리 떨어뜨리는 방법으로 자기 입속에 넣고 보호한다.

틸라피아 암컷은 새끼를 입안에 품고 있는 동안 식욕을 억제하기 위해 호르몬과 스테로이드를 결합시켜서 자기 새끼를 먹지 않으려고 한다. '구강포란'이라는 이 기술을 틸라피아만 사용하는 것은 아니지만(142~145쪽에서 설명한 아로와나도 구강포란 어류다), 이 방법을 정말 잘 구사하기 때문에 틸라피아는 사육하기 아주 좋은 물고기다. 이들은 새끼를 자기 가슴 가까이에 두므로, 사육자는 동족을 죽이는 데 혈안이 된 것 같은 다른 물고기에 하는 것처럼 부모와 치어를 떼어놓지 않아도 된다. 하지만 구강포란 외에도 이 종이 세계 지배 어종이 된 데는 다른 기술도 있었다.

> 청틸라피아는 다른 어떤 물고기보다 식당 메뉴에 많이 등장한다.

염분과 열기

이 강건한 물고기는 온도에 별로 구애받지 않고 광범위한 온도에서 번성할 수 있다. 최적 온도는 27.8~30℃지만, 12℃까지의 낮은 온도 역시 견딜 수 있다. 하지만 이 온도에서는 병과 기생충에 취약해지기 시작한다. 이들은 개체수가 아주 많아도 잘 지낼 수 있지만, 성장과 위생에는 분명 안 좋다. 이들은 광범위한 염도에도 잘 적응할 수 있다. 이런 강인함은 개체를 수족관이라는 인공 환경에 가두고 키울 때 정말 중요하다. 수조의 필터가 작동을 멈춘다거나 온도 조절 장치가 고장날 경우 틸라피아는 적어도 잠시 동안은 대처할 수 있다. 먹이가 절대적으로 육식인 사냥꾼이 대체로 에너지를 빠르게 소비하는 것에 비해, 이들의 먹이가 식물성인 것 역시 에너지를 보존하는 데 도움이 된다.

청틸라피아는 전 세계적으로 최소 125개국에서 양식되고 있다. 금속성 녹색과 금색을 띠는 매력적인 이 물고기들은 산업화된 '농장'(거대한 통)에서 관리를 잘 받아 가장 번식을 잘하는 양식 물고기가 되었다. 틸라피아는 개발 도상국 사람들의 식량으로 중요한 역할을 하는데, 이 물고기가 없다면 이 사람들의 일일 단백질 섭취량은 형편없이 적을 수도 있다. 소나 양처럼 서구 국가 사람들이 잘 먹는 포유류를 키우는 것은 시간과 토지가 많이 필요하고 결과적으로 대단히 비효율적이다. 틸라피아는 오랫동안 양식되어 왔으며, 틸라피아를 양식하면 그 모든 고민이 사라진다.

입증할 수는 없지만 예수 그리스도가 '오천 명'을 먹였다는 유명한 성경 이야기 속의 물고기가 틸라피아였을 가능성이 아주 높다. 청틸라피아는 이스라엘의 요단강에서 발견되며 종종 '성 베드로의 물고기'로 언급되기도 한다. 마태복음에 성 베드로가 입에 동전 한 닢을 물고 있는 물고기 한 마리를 낚았다는 이야기가 나오기 때문이다. 청틸라피아의 원산지에는 아프리카뿐만 아니라 중동도 들어간다. 세계 곳곳에서 양식되는 틸라피아의 조상 중 다수는 아마 이스라엘산일 것이다. 전 세계적으로 청틸라피아가 유용한 식량 자원인 것은 분명하지만, 동시에 골칫거리이기도 하다.

틸라피아의 희미하게 반짝이는 청록색은 우리의 눈길을 사로잡는다.

외래종 도입으로 인한 극적인 변화

금붕어와 대서양칠성장어에서 보았듯이, 외래종은 환경과 상업적 측면에서 우려된다. 그리고 습관적으로 멀리 떨어진 곳에서 동물을 데려오고 그들이 속하지 않은 세계에 들여오는 것은 세계 곳곳에서 끊임없이 문제를 일으키고 있다. 그밖에 이미 언급했던 문제 어종으로 점쏠배감펭과 브라운송어가 있고, 청틸라피아 역시 번식력이 강한 침략 외래종이다.

현재 청틸라피아라는 침입 개체군은 미국 남부에 잘 정착했다. 그곳의 환경 조건은 확실히 이 물고기에게 더할 나위 없이 좋다. 청틸라피아는 해조류를 먹기 때문에 청소가 줄어들어 수족관 관리자에게 유용하고 편리하다. 그러나 미국에는 이미 큰입우럭(*Micropterus salmoides*)과 석패과(Unionidae, 돌조갯과)에 속하는 일부 민물 홍합처럼 해조류를 먹는 토종 생명체가 있다. 그런데 청틸라피아를 들여오면서 플로리다주와 텍사스주에서 이 토종 생명체의 숫자가 크게 줄었다. 강인한 청틸라피아는 점점 확산되고 있으며 그 결과 다른 많은 식물과 무척추동물, 물고기 개체수가 감소하고 있다. 청틸라피아의 강한 번식력과 분산 행동은 일부 큰 호수의 전체 물고기 군집을 구조적으로 해롭게 변화시키면서, 이들이 토종 어류를 압도하고 경쟁에서 이겨 상업적으로나 생태적으로 막대한 피해가 발생하고 있다. 청틸라피아는 브라질과 인도, 중국에서도 양식되고 있는데 주인이 모르는 사이에 도망치거나 방생되는 일이 종종 일어나기 때문에 틸라피아로 인한 피해는 끝도 없다.

그러나 이런 해악이 전적으로 청틸라피아의 잘못이라고만 할 수는 없다. 틸라피아는 거의 어디서나 성공하는 것이 아니고, 그저 많은 곳에서 생존을 잘할 뿐이다.

청틸라피아는 어류 중에서 번식력이 강한 침략 외래종 가운데 하나다.

찾아보기

지은이 더그 맥케이-호프

영국 브리스톨에 있는 BBC 자연사 유닛개발부의 부장으로, 데이비드 아텐버러(David Attenborough)와 직접 작업한 바 있다. 런던에 있는 임페리얼 대학교에서 생물학을 공부한 후 텔레비전 프로듀서로 일했다. 그동안 제작한 프로그램으로 치명적인 동물과 관련된 기발한 어린이 프로그램(CBBC 인기 프로그램 〈Deadly 60〉), 세계 구석구석 멀리 떨어진 지역에 사는 민물 괴물을 사냥하는 사람에 관한 다큐멘터리(ITV 시리즈 〈River Monsters〉 1-3) 등이 있다.

옮긴이 조진경

건국대학교를 졸업한 후 다양한 분야의 책들을 우리말로 옮겨왔다. 현재 번역 에이전시 엔터스코리아에서 번역가로 활동하고 있다. 옮긴 책으로는 『신비 동물을 찾아서』, 『클린』, 『설탕의 독』 등 다수가 있다.

THE SECRET LIFE OF FISH

물고기의 모든 것

1판 1쇄 인쇄 2022년 1월 28일
1판 1쇄 발행 2022년 2월 21일

지은이　　더그 맥케이-호프
옮긴이　　조진경
펴낸이　　신동렬
책임편집　구남희
편집　　　현상철, 신철호
디자인　　심심거리프레스
마케팅　　박정수, 김지현

펴낸곳　　성균관대학교 출판부
등록　　　1975년 5월 21일 제1975-9호
주소　　　03063 서울특별시 종로구 성균관로 25-2
전화　　　02)760-1253~4
팩스　　　02)760-7452
홈페이지　http://press.skku.edu/

ISBN　　 979-11-5550-493-2 03490

※잘못된 책은 구입한 곳에서 교환해 드립니다.